かわいい猫との暮らし方・しつけ方

愛らしいネコの写真が満載！

小島正記監修　山崎 哲写真

成美堂出版

素敵なパートナー

かわいいネコと楽しく暮らす知っておきたい10のポイント

しなやかで美しく
プライドが高く、冷静で
ときどき甘えん坊、
そして日向のにおいがする。
そんなネコが大好きだから
いつもそばにいてほしい。

point 1 あなただけが頼りです

ひとつの命がやってきたときから、あなたはそれを守るという重要な責任を負います。母親のように細やかに世話をしてあげてください。あなたが愛情をかけた分、ネコも必ず愛情で応えます。そして最高のパートナーになることでしょう。

かわいいネコのために、安全で安らげる空間を作りたい。

開かれたばかりの目にぼんやりと映るのは、あなたの姿。

コミュニケーションのとり方もお勉強のひとつ。

➡狭い所もたまらなく好き。身をひそめてワクワク。

point 2 さぁ！ 遊んで、学んで

とにかく動くものが大好き。コロコロ転がるボール、風に揺らぐカーテン、自分のしっぽにまで好奇の目は向けられます。そして全身のパーツをめいっぱい使って遊ぶ。遊びは狩りの練習。知らず知らずのうちにネコらしさを身につけるのです。

転がっていくものは、追いかけずにはいられません。

➡手先も結構器用です。手のひらやツメを使って物をつかみます。

point 3 おうちが世界のすべて

ごはんを食べて、いっぱい遊んで、のんびりくつろいだり、ぐっすり眠って過ぎていくネコの１日。外の世界を知らない室内飼いのネコにとっては、あなたと暮らす家こそが世界のすべてなのです。それでもかわいそうではありません。

楽しい遊びがたくさんできるのは、とても幸せな世界。

夢中でひっぱって、意地でも手に入れるつもりです。

さながら森の中を駆けるように、階段を駆け上ります。

point 4 いたずら大好き！

いたずらではなくて、探求心のなせるワザなのです。珍しいものや、ちょっと気になっていたものは、チャンスがあれば触って確かめてみます。そして気に入ったら、もうとことん遊ぶ。怒られたってへっちゃら。怒られるのも楽しかったりして。

揺れるのがおもしろいから、えいっとネコパンチ。

「触っちゃダメ！」といわれても目を盗んでついやっちゃいました。

寒いときには体を寄せ合って、暖をとり合い眠ります。

あなたの愛情が平等でないと、嫉妬心が生まれます。

point 5 けんかは仲のよい証拠

じゃれ合っていたかと思ったら、攻撃したり防衛にまわったり、まるでけんかのようです。走る、追いかける、捕まえる、登る、飛び降りる、抱え込むなどを繰り返してネコらしい動きを体得。体全体で感情や意思を表現することも学習します。

オスは、なわばりを守り、メス獲得のための訓練。

においで仲間を識別。新しいにおいには警戒をします。

point 6 友達いっぱいの幸せ

あなたと遊ぶのは大好きですが、ネコにはネコ同士のつき合いや遊びもあります。おたがいの存在をにおいでチェックし合い、情報交換。グルーミングし合うのは、いっしょに育った兄弟や仲間にかぎります。とても心を許した行為なのです。

メスにとっては、なわばりと子どもを守るための訓練。

本格的な戦いで兄弟の順位が決まると、別れのときがやってきます。

ネコにも好みはあります。でも偏食には気をつけて。

point 7

ネコはきれい好き

暇さえあればせっせとグルーミング。なめて濡らした前肢で頭部をこすり、肩、脇腹、おしり、後肢、となめていきます。体を清潔に保つための行為ですが、被毛の断熱効果を上げたり、また逆に、唾液で濡らして放熱する効果もあります。

大切な感覚器官であるヒゲと足の裏は、特に入念に。

タウリンは、ネコ科の動物だけが必要とする栄養素。

point 8

食事が最も大切

人間と比べ、タンパク質2.5倍、ビタミンＡとＢは3.3倍、カルシウムは10倍必要とするネコ。野生のころは、本能で必要な栄養素を含む獲物を捕食していましたが、いまはネコに選択の自由はありません。あなたが正しい食事を選ぶのです。

毛づくろいは、緊張をほぐすときにも行われます。

毛づくろいの際、皮脂をなめることにより、ビタミンDの摂取もしています。

たくさん遊んだあとはたっぷり寝るのが健康の証《あかし》。

ヒゲがピクピク、目玉がうろうろ。夢を見ているのです。

point 9 やっぱり、ママが一番！

毛づくろいから、獲物の追いかけ方、危険から逃げたり身を隠したり、トイレに行って砂をかぶせることまで、生きていく術はすべて母ネコに教わります。そしていつまでもママには甘えん坊。あなたに甘えるのはママへの気持ちと同じです。

point 10 1日の大半は夢の中

1日16時間も寝るネコ。それは、獲物を1匹捕らえれば十分な食料を確保できる肉食動物であるがゆえ。大量の草を食べる草食動物よりも食事にかける時間が少ない分、余った時間はエネルギー節約のために寝て過ごしていたなごりなのです。

母ネコは、子ネコが一人前になるためのお手本です。

母ネコとのスキンシップは、子ネコの心拍数を減らして安らぎをあたえます。

かわいい猫との暮らし方・しつけ方

CONTENTS

はじめに

この本を手にしたあなたは、これからはじめてネコを飼おうとしているのかもしれません。ネコとの生活は、よろこびであり、なぐさめであり、心をたとえようもない幸福感で満たしてくれるものです。でも、生き物である以上、大きな責任も伴います。本書では、あなたとネコがともに楽しめるような、遊びや暮らし方を中心に編集しました。そして、それとともに、ネコの食事や健康についてもできるだけわかりやすく説明したつもりです。大切なネコと、長く、楽しく暮らせるように、この本を役立てていただければ幸いです。

編集♥m.pico　文♥廣石裕子　大石　恵　写真♥山崎　哲　桑名まなみ　志和達彦　野村裕治　イラスト♥米田有希　nagomic
冨田みはる　カネコミユキ　本文デザイン♥デュエ デザイン　表紙デザイン♥スーパーシステム

Part 1

かわいいネコとの暮らし方探訪

清潔なのが好きだし、暖かいほうが気分がいい。
走りまわって遊んだら、静かに眠りたい。
そんなネコちゃんの要望と人間の暮らしとを
すり合わせたら、こんな家になりました。

ネコが暮らす家 ①

高低差をつけ運動不足を上手に解消

いっぱいの緑とおいしい空気、都会のネコでは味わうことのできない、素敵な暮らしぶりを紹介します。

◆DATA◆

大串邸（木造2階建て）

ひなた
（雑種　4歳6カ月　メス）

室内飼いのひなたですが、外の世界も十分楽しんでいる様子。

のんびり遊んでストレス知らず。外の世界も味わえる理想的な家。

東京近郊のリゾート地で暮らすのが、ここに登場する「ひなた」（メスの4歳）。飼い主の大串氏がインターネットの里親募集で見つけ、新潟まで受け取りに行ったネコです。

ひなたの生活ぶりは、みごとに悠々としたもの。昼間の大部分を広いリビングの日だまりで過ごし、時折夫妻に遊んでもらう。気が向けば、緑あふれるテラスにおもむき野鳥の声を聞くもよし、また風に当たるもよし。

そしてお腹がすいたころには、大好物のドライとウエットのミックスフードが待っているし、遊び疲れた夜は夫妻のベッドの中にもぐり込めばいいのです。

とはいうものの、「ひなたは娘です」と語る夫妻は、いっしょにいられることの幸せをネコ以上に享受しているのかもしれません。

⬆暖かいリビングの窓際はお気に入りの場所。外の様子をうかがったり、日向ぼっこをしたり。

➡大串さんはスポーツジャーナリスト。自宅での仕事も多く、時間の許すかぎり“娘”との遊びを欠かしません。ちなみに、ひなたと大串さんの誕生日は同じ5月29日とか。

快適に暮らす

ひなたの１日は、太陽の昇るころ大串夫妻の目覚ましからスタート。❶食事のあとはたっぷり遊びます。おもちゃも大好き。❷リビングは段差が多く遊び場として申し分なし、運動不足も解消です。❸いくら満たされていても、たまにはイライラすることも。❹階段エリアはお気に入りスポットのひとつ。❺ネコのオブジェがいろんなところに。❻シャンプーは大串さんの役目です。お風呂のついでにいっしょにね。❼ご主人様の食事にはけっして手を出しません。

①

②

③

④

⑤

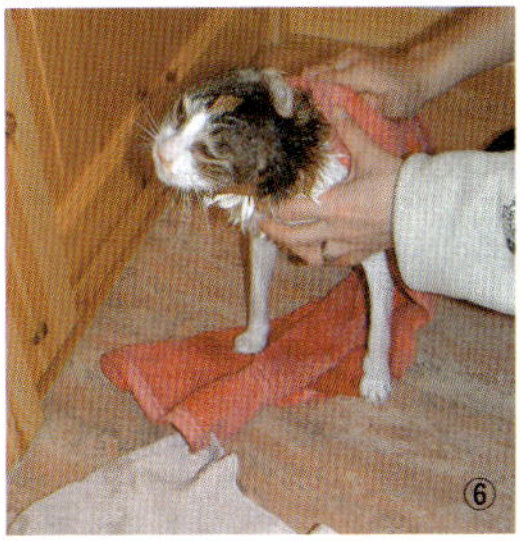
⑥

⑦

手作りアクセサリー

❽奥様手作りの首輪を自慢げに見せてくれました。❾写真上の革製には魚の名札と鈴が。下はHINATAとアルファベットが並んでいて、かわいい。普段外に出ることはないけれど、おしゃれも大切。

⑧

⑨

⑩

トイレの工夫

トイレはひと工夫あり！ ❿もともと物置だったスペースをひなたのトイレに改造。中にネコ用トイレが組み込まれています。⓫トイレ室の左上に排気ファンが見えます。⓬ファンから排出されるにおいはパイプを通って外へ。

⑪

⑫

ネコが暮らす家②

思いきり遊ぶための大空間を用意

ともに1歳のベンガルは姉妹。昼間は仲よく2匹で留守番をしています。

キャットタワーは休んでよし！ ツメとぎしてよし！ 登ってよし！ で、大のお気に入り。

運動量の多いベンガルのために、リビングにはあえてなにも置かず広大な空間を実現。そこには思いきり遊びまわるネコの姿が。

いっしょに遊ぶときはネコも人間も夢中。おもちゃは必須アイテムです。

なんといっても、ネコじゃらしが一番人気。

◆DATA◆

古畑邸（マンション）

カリン
（ベンガル　1歳　メス）

クリン
（ベンガル　1歳　メス）

ジャングルをイメージしたベランダの遊び場。ネコちゃんにはたまりません。

古畑邸は都心にある2LDKのマンション。設計段階では3LDKだったものを、2匹のネコのためにリビングと和室とを合体させ、約20畳の遊びのスペースを可能にしています。「カリン」「クリン」と名付けられたネコはどちらもメスのベンガル。その運動量はすさまじく、広い部屋は不可欠だったようです。

ネコにとってうれしいのは、広さだけではありません。キャットタワーや窓際のベッドも特筆ものですが、なによりベランダにしつらえた遊び場がすごい。テラコッタ色に塗られたすのこを敷きつめ、ネコが飛び出さないように柵を壁面に張り巡らせているのです。植物を置けば、ちょっとしたジャングルのよう。そのほかにもトイレや食事の工夫など、ネコへの気配りがいっぱいの古畑邸でした。

①

縦横無尽に遊ぶ

❶とにかく広い！ 大空間を使った遊びがすごい。垂直の壁さえも勢いをつけて登ってしまう。もちろん防音対策を施した床だから、こんなにジャンプしてもだいじょうぶ。❷ネコじゃらしは好きな遊びの定番。❸カートは絶好の隠れ場所。病院へはこの“自家用車”で行きます。

②

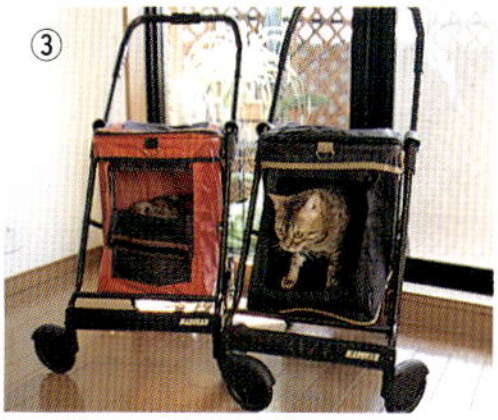
③

グッドアイデア

広い遊び場以外にも、アイデア満載の古畑邸。❹パソコンにはネコを撮影したデータがきれいに整理され、素敵なアルバムになっていました。❺窓際にはベッドを設置。窓からは墨田川を行き来する船が眺められます。❻自慢のベランダがこれ。大のお気に入りです。❼３階にあるマンションのベランダには、外から見るとこのように柵が。

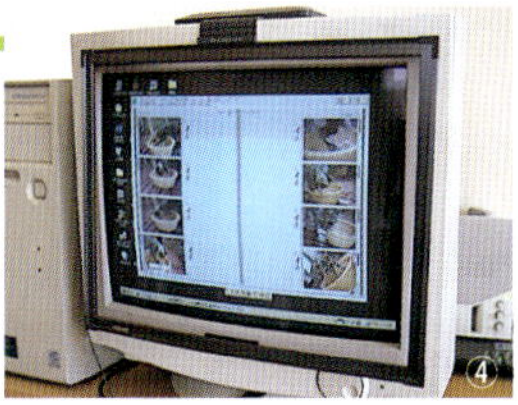
④

⑤

⑥

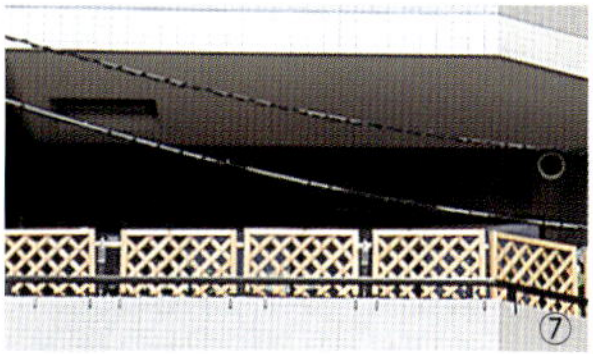
⑦

⑧

⑨

⑩

食事＆トイレ

❽食事場所とトイレがいっしょにセットされたワゴン。飛び散ったエサやトイレの砂も簡単に掃除できる。❾ワゴンにはエサ、おもちゃ、砂の入ったボックスを設置。❿食事と砂の費用は月に5000円ほどとか。

ネコが暮らす家 ③

快適さを追求したアイデア満載の部屋

4匹のネコが気ままに暮らすのが川上邸。とにかくネコのために施された内容がすごいのです。部屋の天井に巡らされたキャットウォークは圧巻！

◆DATA◆

川上邸（マンション）

アーク
（ベンガル　3カ月　オス）

カレン
（シンガプーラ　1歳6カ月　メス）

ソレイユ
（シンガプーラ　2歳8カ月　オス）

ルナ
（シンガプーラ　3歳3カ月　メス）

部屋のアイデアもさることながら、飼われているネコもすばらしい。

3匹のシンガプーラと１匹のベンガルがのびのびと暮らす川上邸で、目を引くのが部屋の設備。とにかくアイデアがいっぱいです。特に注目したいのがリビングの天井付近に張り巡らされたキャットウォーク。カーテンボックスや収納棚を使えば、部屋をぐるりと空中散歩できるすぐれものなのです。

また、ネコも筆舌につくしがたいほどの美しさ。撮影当時3カ月だったベンガルは、その後アメリカのシカゴで開かれたショーでなんと「Best《ベスト》 of《オブ》 The《ザ》 Best《ベスト》 Adult《アダルト》 Bengal《ベンガル》 Cat《キャット》」を獲得。世界から集まったベンガルの中でチャンピオンに輝いたのです。海外でこれを受賞したのは日本のネコではじめてといいますから、すばらしいのひと言です。

⬆撮影から半年後、世界チャンピオンに輝いたアーク。このときはまだあどけない表情。

⬆越してきて、まだ3日目のアーク。

⬅撮影で緊張気味のシンガプーラたち。

⬇おやつはごくたまにね。

パソコンをガード

❶リビングにはパソコンが収納されたクローゼットが。ネコの被毛やいたずらからパソコンをガードするためのナイスなアイデア。

遊び場がいっぱい

4匹で仲よく遊びます。最近はねずみのおもちゃがお気に入りとか。❷マンション最上階にあるベランダにはきれいな草花が。この花につられてやってくる野鳥を窓越しに狙うことも。❸❻暗くてせまいこたつや段ボール箱の中は超お気に入り。❹機能性抜群のキャットウォーク。❺カーテンボックスのタイルは飼い主が1枚1枚貼ったもの。❼リビングの出窓には外を眺めるためのボードが。

トイレと食事

❽食事はドライフードが基本。たまにウエットフードや鶏のササミのおやつも。❾ベンガルはシンガプーラの3倍の量を食べるとか。食費は4匹で月に5000円ほど。❿トイレはネコの頭数分を人間用トイレ内に設置。とても清潔。トイレ用砂の費用は月に3000円ほど。

コスチューム

⓫たまにはこんな衣装を着せてあげることもあります。⓬ネコにとってはちょっぴり迷惑？ 飼い主の川上さんがいうには、メスのネコは気位が高く打算的で、オスは無条件で甘えてくるのだとか。

ケージ＆バッグ

⓭キャットウォークの上に置かれたハウス。中から下の様子をうかがっています。⓮引っ越してきてしばらくは、先住ネコに慣れるまでケージに入っていたアーク。1週間ほどで、みんなと仲よしになりました。

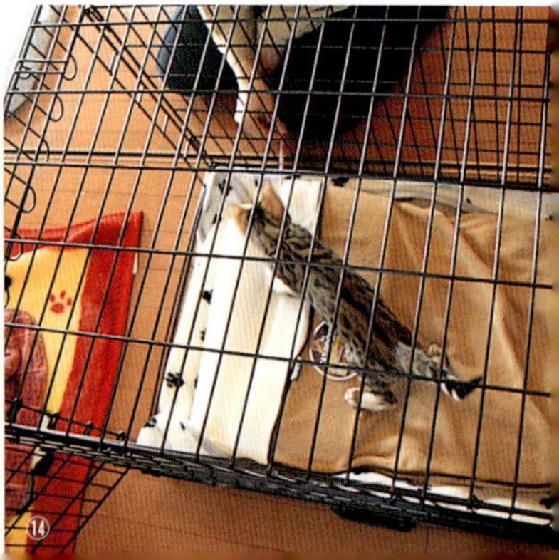

Part 2

ネコを上手に迎える準備

かわいいパートナーを見つけたら、さあ準備。
遊・食・住に必要なものを整えて
新しい生活をスムーズにスタートさせましょう。
ネコの目線で用意してあげるのがポイントです。

LESSON 1

ネコは魅力がいっぱい

ネコってこんな生き物

マイペースで気まぐれなネコ。
優れた運動能力を持つネコ。
グループ行動が好きなネコや
運動が苦手なネコもいます。
なんとも奥の深い生き物です。

どこからやってきたの？

約4500～6000万年前に
誕生したミアキスが祖先。
人との出会いは古代エジプト。

4000万～6500万年ほど前、食肉目の祖先といわれるミアキスが誕生。ミアキスはネコ、イヌ、ハイエナなどへと進化していきます。

ネコとして進化していったのがニムラブス。さらにプロアイルルス、プセウダエルルスを経て、約60～90万年前に誕生したリビアヤマネコがイエネコ（現在のネコ）の原型です。

ネコの4大特性

1 束縛されることを嫌い、単独行動を好む。
2 1日の大半を寝て過ごす。
3 ネズミ獲りなど、優れたハンター能力を持つ。
4 ファッショナブルな色と柄の被毛を持つ。

ネコが最初に飼われたのは約9500年前のキプロスでのこと（他説あり）。害虫や獣駆除で活躍したり、古代エジプトでは女神の化身として祭られたりしました。その後、生《い》け贄《にえ》にされるなどの歴史もありましたが、19世紀半ばからペットとして飼われるようになると、現在まで人間とすばらしい関係を築いています。

人間に飼われるまで

約4500～6000万年前
ミアキス　ネコ科
- ジャコウネコ科
- イヌ科
- ハイエナ科
- クマ科
- パンダ科
- アライグマ科
- イタチ科

ニムラブス
イエネコに似ているが、歯の数が異なる

プロアイルルス
イエネコと異なり、足の裏全面をつけて歩く

プセウダエルルス
つま先歩きや歯の数がイエネコと同じ

約500万年前
ネコ属
- ヒョウ属　ライオン、トラ、ジャガーなど
- チーター属　チーター
- その他の属　イリオモテヤマネコ、ウンピョウなど

約60～90万年前
リビアヤマネコ
イエネコ

陸上ほ乳類の肉食動物へと進化したミアキス（イメージ図）➡

イエネコの原型、リビアヤマネコ➡

ネコの名前の由来

ねずみをつかまえたり、よく寝る習性からこんな名前になった？

ネコは年中寝ている動物。その習性から「ネる（寝る）のをコのむ（好む）」、「ネる（寝る）コ（子）」といわれ、略してネコになったと考えられています。このほか「ネずみ（鼠）をコのむ（好む）」、「ネコ（鼠子）待ち」など、ねずみに由来するという説も。

ネコは「寝る子」から来たという説には誰もが納得。

マイペースな性格

群れない、合わせない、束縛されない。自由を愛し、のんびり暮らす。

ネコは単独行動を好む動物。自由を奪われるのはとても嫌いで、人のペースに合わせたりしません。でも、気が向けば仲間と遊ぶし、人間にも甘えます。短毛種は活発、長毛種はおとなしいなど、種による違いも。基本的にはおだやかで、飼いやすい動物です。

人の都合を考えない行動がわがままに映ることも。

しなやかな体

精密な骨格と筋肉が連動した、美しくも力強い動きは感動的。

ネコは小型の動物ですが、その体内には240もの骨があり、発達した筋肉とともに並はずれた運動神経を支えています。目、耳、鼻、ヒゲから外部の情報をとらえ、瞬時に反応する能力も抜群。このむだのないしなやかな体は、ハンターだったころと変わりません。

柔軟性とバランス感覚に優れ、ジャンプが得意。

ネコと人間との年齢の比較

ネコ		人間	特徴
1週間	乳ネコ	1カ月	お乳を飲んでは眠る生活。
2週間		6カ月	目が開き、耳が立つ。
1カ月	幼ネコ	1歳	運動神経が発達。離乳へ。
2カ月		2歳	脳の機能が完成。
3カ月		5歳	社会性が発達。
6カ月	若ネコ	9歳	いたずら盛り。
8カ月		11歳	永久歯が生えそろう。
1歳	成ネコ	18歳	性成熟を迎えすっかり大人。
2歳		24歳	若々しく活発に活動。
3歳		28歳	一番充実したネコ盛りへ。
5歳		35歳	落ち着きのある大人の生活。
8歳	老ネコ	48歳	老化の兆候。
10歳		56歳	動きがにぶり体力も低下。
15歳		76歳	衰えが目立つ。平均的な寿命。
20歳		98歳	超高齢期。適切なケアを。

ネコは生後１年で、人間でいう18歳くらいまで成長。2歳以降は１年におよそ4歳分ずつ年をとります。寿命は約15年。20年以上生きるネコもいます。

LESSON 2

ネコの種類

どんなネコと暮らしたい？

かわいいネコとひと口にいっても
よく見ると千差万別。
色、模様などの見た目から
性別、才覚、年齢などなど…。
あなたと相性がぴったりなのは？

色と模様

インテリアに合わせて
ネコの色や柄を
選ぶのっていいかも。

被毛の色と模様の組み合わせパターンによって、ネコの印象は大きく左右されます。もしもたくさんの中から選ぶことが可能であれば、自分の好みに合った色を探してみましょう。淡い明るめの色調、シックなブラック、賑やかなモザイク模様など、インテリアに映えるネコを選ぶのもいいかもしれません。

ネコのカラーパターンは遺伝子によって決まります。

単色	単色で、しま模様やむらがない被毛に全身覆われているネコです。多くの種に見られる色はブラックで、ほかにはホワイト、ブルー、レッド、クリームなどの色があります。
しま	しま模様を持ったネコです。肩がチョウ模様で脇腹が円形模様のクラシックタビー、サバの模様に似たマッカレルタビー、ヒョウのような斑点模様のスポッテッドなどがあります。
ぶち	複数の色でモザイク模様を織りなす被毛です。ホワイト地の2色はバイカラー、3色はキャリコ、ブラック地にクリームとレッドの斑はトータシェルとよばれています。
その他	シャムに代表されるように、顔、耳、四肢、尾の色が濃く現れるのを、ポインテッドといいます。また、毛先だけに色のついている状態をティップドカラーといいます。

長毛種と短毛種

豪華な長毛種にする？ それともグルーミングの楽な、短毛種？

ネコは短毛種が基本で、長毛種は突然変異に人為的な改良を加えて生み出されたものです。長毛種は性格がおっとりしていて見た目も美しいのですが、毎日のブラッシングを必要としたり、抜けた毛の掃除などが大変なので、手間をかけられる人向きのネコといえるでしょう。その点、短毛種は被毛などの手入れが楽です。

また長毛・短毛の分類のほかに、被毛がカールしたウエーブヘア、柔らかな産毛しか生えていないヘアレスなど、ちょっとかわった被毛を持つユーモラスなネコもいます。

➡長毛種はおとなしく、短毛種は活発といわれています。

色と模様のバリエーション

ブラック

ブルー

ホワイト

クラシックタビー

マッカレルタビー

スポッテッド

バイカラー

キャリコ

トータシェル

セピアカラー

シールポイント

ティップドカラー

オス・メス

オスはやんちゃ、メスは温厚な傾向。大人になると大きさにも差が出る。

ネコの性格は一般に、オスが活発で人に慣れやすく外向的なのに対し、メスは内気で、おとなしい温厚タイプが多いとされます。でも、これはかなりおおざっぱで、実際には個体差が大きいのも事実です。

子ネコのときは性別による外見の差はほとんどありません。成ネコになるとオスのほうが大きくなります。顔つきもオスは横に張った感じになるのに対し、メスはすっきりした細面の傾向があります。オスはスプレー行動、メスは発情鳴きへの対策も必要です。

子ネコの性別はおしりで見分ける

オス

子ネコは2㎝くらいの間隔で穴が2つ見えます。生後2～3カ月ごろから穴と穴の間が膨らみ始め睾丸《こうがん》が出現。成ネコの睾丸はひと目でわかります。

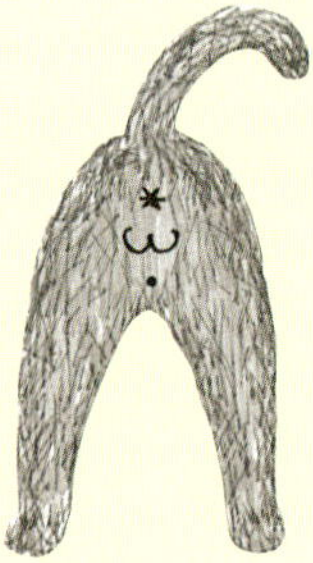

メス

メスのおしりにある穴はふたつ。間隔は1㎝くらいです。大人になっても変化はありません。しっぽを上に上げ、おしりの穴の形や間隔を観察しましょう。

←がっちりした体格のオス（左）ときゃしゃなメス。

子ネコ・成ネコ

子ネコから飼うのが基本。手がかけられない人は成ネコが向いているかも。

しつけをしっかり行い、ネコを飼い主の生活に慣れさせるためには、生後2～3カ月から育てるのがベストです。ただ、子ネコのうちは食事回数も多く、トイレの世話、遊び相手などなにかと世話がやけます。

仕事が忙しいなどの理由であまりこまめな世話ができない人、高齢の人などにとっては、成ネコのほうが飼いやすい場合もあります。

愛らしいが手がかかる子ネコを選ぶか、大人同士としてつき合える成ネコを選ぶか、そこがポイントです。

日々の成長を実感できるのも子ネコを育てる醍醐味。

繁殖させたいなら確実な血統のネコを。子ネコのもらい手が多いのも純血種。写真のネコはメインクーン。

純血種と雑種

見た目だけではなく性格も理解して、目的に合ったタイプを。

キャットショーに出したいなら、他品種の血が混ざっていない純血種を。入賞を狙う場合はできるだけスタンダード（理想像）に近いネコがベストです。繁殖させたい場合も血統のしっかりした純血種を選びます。

純血種の場合は種類による特徴が比較的はっきりしているので、ショップで相談したりしながら好きなタイプを選びます。雑種なら、人なつこい、遊び好きなどの性格を見極めて。

⬅純血種なら、こうしたショーにも出陣させたい。

家族として暮らすには品種より「相性1番、顔2番」。

人気のノルウェジャンフォレストキャット。

LESSON 3 ネコの入手方法

ほしいネコが決まったら、入手先を選んで

**ネコはどこで手に入れられるの？
ショップ？ 知り合い？ それとものら君？
どんな暮らしを望んでいるかで、
ネコの探し方は違ってきます。**

ペットショップから

**飼い方の指導も受けられ
グッズもそろう。
好みのネコの手配もＯＫ。**

気軽にネコを入手できるペットショップ。気に入ったネコを見つけたときに購入してもいいし、希望に合ったネコを手配してもらうこともできます。

ショップの利点は、エサやネコ用トイレ、おもちゃ、アクセサリーなどさまざまな商品がそろうこと。購入したネコの特徴や飼い方も教えてくれるので、頼りになります。

どんな質問にも誠実に答えてくれ、そして清潔な環境でネコを大切に育てているショップを選んでください。

POINT！ ショップから購入するときの注意点

●店内は清潔？
ケージの中の糞尿《ふんにょう》が放置されていたり、異臭がただよっていたりするようなお店は要注意。

●ネコの健康状態は？
ネコに元気がなく、目ヤニや皮膚のただれなどが目立つ場合は問題。獣医と連携し健康管理を行っているショップがおすすめ。

●スタッフのレベルは？
知識が乏しく、質問などに答えられないお店は問題外です。

←コンディションのよいネコを手に入れるためにも、何度も通ってネコやお店のレベルをチェックしましょう。

ブリーダーから

確実な血統、美しい容姿。ネコの品種限定でこだわり派におすすめ。

ブリーダーとは、ネコの繁殖を専門的に行っている人や団体のこと。ショーキャットや繁殖用のネコはペットショップではほとんど手に入りません。純血種にこだわる場合は、ブリーダーに相談するのが近道です。

ペット用のネコがほしい人がブリーダーを利用してもＯＫ。「ショーでの活躍は難しいけれど血統は確実」といった、質のよいネコが見つかる可能性大です。

ブリーダーは、ブリーダー協会やネコ専門誌などで紹介してもらえます。直接出向く前にほしいネコがいるか、電話で問い合わせてみましょう。質問にていねいに答えてくれ、プロのアドバイスをしてくれるブリーダーがおすすめです。

気品ある雰囲気が純血種の魅力。写真のネコはオリエンタルショートヘア。

➡飼育法など、いろいろなアドアイスが受けられるはず。

ショーキャットがほしいならブリーダーに予約をし、いいネコが生まれるのを待ちます。写真はメインクーン。

友人・知人から

まず飼われている様子を観察します。値段よりしつけや健康面に注意を。

ネコを飼っている友人・知人から、生まれた赤ちゃんネコを引き取るケースは多々あります。ただでもらえたり、安く手に入れられたりすることは大きな魅力です。

問題は、育て方が家庭によりさまざまで、のらネコ同然の飼われ方をしている場合もあるという点。譲ってもらう前に何度か足を運び、トイレや食事、遊び方など、ネコの生活ぶりを確認するほうが無難です。あとあとトラブルにならないためにも、病気や障害などがないかどうか、よく確認しておきましょう。

引き取る前に、何度も足を運びたいもの。

入手経路に関係なく、たくさんの愛情で包んであげて。

POINT ! **ネコを引き取るのは生後2カ月を過ぎてから**

ネコが離乳期を迎えるのは生後2カ月くらい。それまでは母ネコの保護を受けながら、情緒を発育させることが大事です。3カ月目くらいからはしつけも可能。引き取るなら離乳期以降のネコにしましょう。

育った環境がわかることも、知人から入手することの利点のひとつでしょう。

➡のらネコの寿命は2～3年ほどといわれるだけに、拾ってあげたいのはやまやまですが……。

のらネコを拾ってきたら、まず獣医師の診察を

危険な伝染病を持っているかも！

外で暮らしているのらネコは、さまざまな寄生虫に感染したり、伝染病にかかっていたりすることがあります。そんなのらネコを拾って、そのまま家に連れて帰るのは無防備すぎます。

ネコを拾ったらできるだけ早く動物病院へ行き、健康診断をしてもらいましょう。獣医に診てもらえば、健康状態のほかにだいたいの年齢などもわかり、飼いやすくなります。

動物病院で予防接種をしておくと安心。

すでにネコを飼っている人がのらネコを拾う場合は、特に注意が必要です。感染予防のためにも、拾ったネコの健康状態が確認できるまでは別々の部屋で飼うようにします。

先住ネコにはいままで以上の愛情を示し、拾ったネコにも同様にやさしく接します。２匹が慣れるまで気長に見守りましょう。

獣医や里親探しで

動物保護センターや保健所を活用。インターネットも便利。

ネコが好きで、どんなネコでもいいというなら、ぜひ考えてほしいのが、獣医や動物保護施設からネコを引き取るやり方。現在日本では、「育てられない」といった理由で年間約30万匹のネコが処分されています。多くの動物病院や施設は、こうした不幸なネコを少しでも減らそうと里親探しをしています。

近所の保健所や施設に直接問い合わせてもいいし、インターネットで「里親」、「捨て猫」などのキーワードで検索する方法も。

かわいいネコと出会えるよろこび、小さな命を救うよろこび。二重の感動があなたとネコの絆《きずな》を深めるに違いありません。

➡かわいいのらちゃん。でも安易に拾うのは禁物です。

LESSON 4 子ネコの健康チェック

健康なネコはここで見分ける

健康なネコと暮らしてこそ楽しくじゃれ合ったり、遊んだりすることができるのです。そのためにも、健康チェックを忘れずに。

ここをチェック！

よく観察して健康状態を確認。反応のしかたから性格も判断できる。

健康状態を見分けるポイントは、入念に観察すること。毛並みや動きなどから、目、鼻、口、肛門など体の各部分までしっかりとチェックします。また、体をなでたときにいやがったり、ずっと鳴きつづけていたりと、不自然な動きを繰り返す場合は、心になんらかの問題を抱えていることも考えられます。表情や反応を観察することも大切です。

健康チェックリスト

1 いきいきした表情で元気そうですか？
2 動きは活発ですか？
3 胴体や四肢が引き締まっていますか？
4 太りすぎ、やせすぎではありませんか？
5 せきやくしゃみをしていませんか？
6 なでられても平気ですか？
7 顔やおしりのまわりはきれいですか？
8 目ヤニや鼻水、耳アカが目立ちませんか？
9 体毛につやがありますか？
10 毛が抜けているところはありませんか？

体毛・毛並み

毛が薄い部分やハゲがある場合は、アレルギー性皮膚炎やカビによる円形脱毛症などの可能性も。ヒゲは目の上、頬、口の左右、アゴにピンと張っていること。

ツメ・肉球

出し入れ自由のツメと弾力ある肉球はネコの証。ツメが抜けたり、肉球に傷があるネコは動きがにぶく、ストレスがたまっていることがあるので気をつけて。

おしり

異常に尿が多いのは腎臓病などの病気、また尿が出ないのは結石などの可能性が大です。

肛門がきれいで締まっていれば大丈夫。赤いただれがあると慢性の下《げ》痢《り》かもしれません。

チェックするポイント

性格

長毛種は温厚、短毛種は活発な傾向が。触ってよろこべば人なつこく、触らせなければ人嫌いかも。傷の多いネコはコミュニケーション下手の可能性が。

行動

よく食べよく眠り、起きているときは動くものに興味を示すのが健康なネコ。妙に落ち着きがないネコ、極端に反応がにぶいネコは要注意です。

お腹

引き締まっているのがよいお腹。妊娠以外でお腹が膨らんでいたら、回虫の感染や腫瘍《しゅよう》、ひどい便秘などの疑いも。ぶよぶよとたるんでいたら運動不足です。

体重

抱き上げたときに、体格のわりに重く感じるネコは、筋肉が発達している固太りタイプと思われグッドです。その反対なら、虚弱な可能性があります。

四肢

太くてしっかりした四肢で、歩き方がしなやかなことが大事。足を引きずる、いずれかの足を地面につけない、しこりがあるなどといった場合は問題です。

顔

耳 耳の中がきれいなら大丈夫。黒い耳アカがたまっていたら耳ダニの寄生が疑われます。悪化するとひどい皮膚炎になるので要注意。

目 ぱっちり開いていて生気があり、興味を持ったものを見つめる動作をするのが普通。目ヤニや白い膜、涙目などは不健康の印です。

鼻 健康なネコの鼻の頭は湿っています（眠っているときは乾いている）。鼻水やくしゃみは鼻炎の症状です。

口 マタタビに反応して、よだれをたらすのは正常。そのほかのよだれは、口の中に傷があったり、口内炎などを起こしているサインです。

舌・歯・歯肉 舌は突起がありザラザラしているのが普通。歯がきれいで鋭く、歯肉がピンク色なら合格。歯肉が腫れて口臭がひどければ歯肉炎かも。

LESSON 5 同居の準備

連れてくる前にこれだけはやっておく

室内飼いのネコは、一生の大部分を家の中で過ごします。
ネコを迎える前に、安全・快適な環境づくりをしておきましょう。

食事・寝床・トイレの確保

快食・快眠・快便が元気ネコのもと。手づくりグッズもGOOD。

食事、トイレ、睡眠は、ネコにとっても生活の基本。すぐに使える空間を準備しましょう。食事は前の飼い主からエサの種類を聞き、それを買っておくこと。安定感があり、食べやすい食器も必要。食事場所も決めておきます。トイレや寝床は、市販品でもいいし、適当な入れもので手づくりしてもOK。静かで落ち着く場所に置くのがポイントです。

食事・寝床・トイレは最低限の必需品。

繊細な子ネコを迎える飼い主の心の準備も忘れずに。

POINT！ 段ボールでネコの小部屋を作る

ネコは落ち着いて過ごせる狭い場所が大好き。いらない段ボールに毛布などを敷き、入り口をつけてネコ用の個室を作ってあげるとよろこびます。

危険なものは隠す

電気、水、熱いもの、割れるものには近づけない、触らせない。

なんにでも興味を持ち、活発に動きまわる子ネコ。飼い主にとっては便利な部屋も、子ネコの視点で見てみると、意外にもデンジャラスゾーンがいっぱいです。電気のコードを噛んで感電、キッチンの包丁でケガ、洗濯機の洗濯槽に落ちて溺れる……などなど、室内でのネコの事故は絶えません。危ないものは隠すか、カバーをつけておきましょう。

時計や花びんなど壊れやすいものは1カ所にまとめ、ネコの足場がない状態にしておくと安全。

危険回避のための10カ条

1 落とすとこわれるものを置かない。
2 コンセントをカバーする。
3 はさみ・ホチキス・針などを置かない。
4 ビー玉など、飲み込めるものを置かない。
5 人間の食べものを隠す。
6 トイレや浴槽にふたをする。
7 キッチンに入れない。
8 窓・網戸は開放しない。
9 落下防止柵のないベランダには出さない。
10 洗剤のふき残しをしない。

キッチン、バスルーム、ベランダは特に危険。進入防止対策を。

家の中で特に危険な場所は、熱い鍋や刃物、割れものがあふれるキッチン、水をはった浴槽や洗濯機、落ちたら命取りのベランダです。

これらの場所にネコが入らないよう、ドアや窓は必ず閉め、進入できないようにしておきます。大掃除などで開放するときのために、ネコを入れるキャリーバッグやケージも用意しておきましょう。

好奇心いっぱいのまなざしの子ネコ。いつでも安全に、のびのびと遊べる部屋と暮らしのスペースを整えましょう。

高低差をつける

段差のある家具や、凸凹の配置で上下運動ができるスペースをつくる。

ネコは、イヌのように長距離の散歩はしません。その分、高いところに上ったり、飛び降りたりする上下運動が必要です。室内飼いのネコの健康維持、ストレス解消の意味でも、上下運動は重要です。

階段状にデザインされた家具を用いたり、高さの違う家具を並べたりしただけで、ネコの運動スペースは十分に確保できます。ネコが歩く場所にはなるべくものを置かないなど、自由に遊べる工夫をしましょう。

ネコが小さいうちは足場になるイスなども必要。

前肢が届く高さまでカーペットで覆う方法も。

ツメのキズを防ぐ

家具でのツメとぎが始まる前に対処。滑る素材でカバーを。

ネコのツメとぎは本能的な行動ですから、やめさせるのは無理。だからといって自由にとがせていたら、家具や柱、ふすま、畳などがボロボロにされてしまいます。賃貸物件の場合は、あとあとトラブルに発展することも。ツメとぎ場所ははじめから決めておき、そこ以外ではとがせないことが大切です。

キズをつけられたくない場所は丈夫なビニールで覆ったり、鏡をたてかけたりと、ツメが滑る素材でカバーしましょう。酢、タマネギなどネコが嫌うにおいをつけるのも手です。

POINT ! **フローリングよりもカーペット**

清潔感があり、掃除もしやすいフローリングですが、ネコのツメでキズつきやすく、階下に音が響くのが難点。カーペットのほうが安心です。

窓際にこうした上下運動ができる段差を設けてあげるのもアイデア。外の様子をうかがいながら楽しく運動できます。

ドア対策

開けてまずい扉には鍵。部屋のドアにはドアストップを。

ネコは賢い動物。戸棚やふすま、冷蔵庫などの開け方はすぐに覚えます。その半面、遊んでいるうちに閉じ込められてパニックになることも。飼い主が留守にするときなども、ネコが安全に、いたずらしないで過ごせるようにするためには、ドア対策が不可欠です。

まず、ビデオデッキやCDなどを入れたキャビネットやブックケースなど、開けられては困るものの扉は、簡単に開かない工夫が必要です。左右のドアをひもで結んだり、扉の前に重いものを置くなどしておきましょう。

反対にネコが1カ所に閉じ込められるのを防ぐためには、部屋のドアにドアストッパーをつけて、少し開けておくと安心です。

におい対策

清潔第一。においがつきにくい素材、掃除がしやすい配置を考えて。

動物を飼う以上、多少のにおいはつきもの。においを最低限に抑えるためには、丸洗いできるトイレ、干しやすいベッドなど、手入れのしやすいネコ用グッズを用意しておくのがベスト。また、イスやソファには木綿など洗える素材のカバーをかけます。消臭スプレーを用意しておくと、いざというとき便利です。

においは近隣トラブルのもと。十分気をつけて。

POINT！ ネコからパソコンを守る

いたずらや毛からパソコンを守るには、ケースに入れたり、カバーをかけること。できればパソコンのある部屋は「ネコ立入禁止」に。

快適生活の工夫はネコと暮らす間ずっとつづけて。

LESSON 6

生活用品

そろえておきたいネコグッズ

環境づくりといっしょに準備しておきたいのがネコ用品。必需品から便利グッズまで、素敵な一品を見つけましょう。

すぐに必要なもの

生活必需品はネコが来る前にそろえる。どこに置くかも、とっても重要。

引っ越してきたネコに、なるべく早く快適な生活をしてもらうためには、事前に必要な生活用品を準備しておくことが重要。初日から必要になるのは右の6つ。食事、排泄、睡眠グッズは、環境づくりと同時進行でそろえ、最適な場所にセットしましょう。ツメとぎはネコの健康のためにも、家具をキズつけられないためにも欠かせません。キャリーバッグは、急病のときなど外出時に絶対必要です。

中に入れるタオルなどは使い慣れたものを用意。

初日から使うグッズ

エサ

食器

トイレ

ネコ用ベッド

ツメとぎ

キャリーバッグ

近いうちに必要になるもの

健やかな成長と飼い主とのコミュニケーションにも利用できるグッズたち。

おいおい必要になるのが、ネコの健康を守り、飼い主とネコとの暮らしをより豊かにするグッズ。グルーミング用品でネコとふれ合いながらマメに手入れをしておけば、毛の飛び散りを防げて掃除も楽。ロールクリーナーで抜けた毛を除去し、消臭スプレーでにおいを消して部屋の清潔を保ちましょう。飲み込んだ毛を吐きやすくするネコ草や、急病やケガのための救急箱は健康維持に不可欠です。

じょじょにそろえたいグッズ

グルーミング用品

ネコ用救急箱

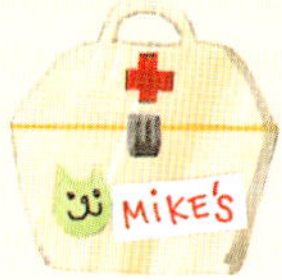

おもちゃ

ネコ草

ロールクリーナー

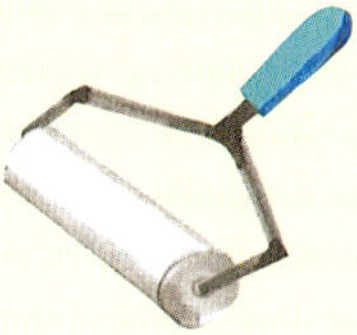

消臭スプレー

←四肢の使い方を学ぶ意味でもおもちゃは大切。

あると便利なもの

あるとないとでは大違い。意外なものも役に立つ。手軽で助かるすぐれもの。

万一ネコが逃げ出したときの頼りが首輪と名札。ケージは、不意の来客や大掃除のときにネコを避難させるのに便利。危ないベランダも、ケージごとなら出すことができます。洗濯ネットは逃亡防止用。キャリーバッグに入れる前にネコをネットに入れておくと、病院などで暴れたり、逃げたりするのを防げます。歯磨きセットは虫歯予防に。ウエットタイプのエサが好きなネコに特におすすめ。

できればそろえておきたいグッズ

首輪

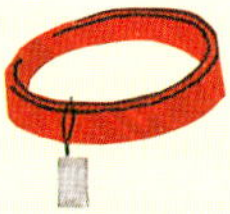

洗濯ネット

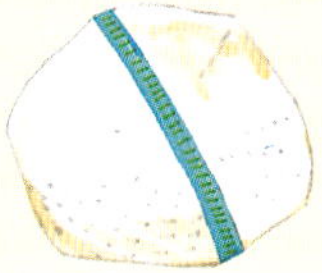

ケージ

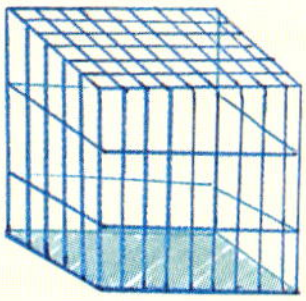

歯磨きセット

Column 1

ネコの生活費　毎月いくら？　一生でいくら？

最低限必要になるのが
食費とトイレ代と医療費。

　ネコは手間もお金もかからないペットだと思われているところもありますが、それは昔の話。ネコまんまさえあたえていればよかったのは、ねずみなどを捕食して栄養補給していたころまで。室内飼いの現代では、栄養管理はもちろん、十分に運動させることさえも考えてあげなくてはなりません。市販のキャットフードとトイレ砂、その他消耗品で、１カ月少なくとも3000～4000円の出費はあるでしょう。基本グッズのほかに便利でかわいいグッズなどがあって、つい出費はかさんでしまいます。

アスレチックはほしいけれど、高価なもののひとつ。

おもちゃは廃品利用で0円に。
工夫しだいで費用削減可能だが。

　たとえばベッドやおもちゃ、ツメとぎなどは廃品を利用すればタダに。トイレ砂は古新聞を細かくさいたものが利用できます。エサやグッズは量販店やネット通販などで購入すると安いものが手に入ります。こうして経費を少なくすることはできますが、どうしても削れないのは年１回の健康診断や予防接種代です。結構大きな金額ですが、病気の早期発見のためにも絶対に必要です。思いがけないケガもあります。いざというときのためにお金の準備は必要。右表を参考に、１カ月、１年でいくらかかるのか、一度計算してみましょう。

●ネコにかかる費用一覧

食事	食器	800～2500円
	自動給餌器	7800～50000円
	ウエットフード	１カ月7000円～
	ドライフード	１カ月1200円～
	おやつ	100～500円
	サプリメント	800～3000円
	ネコ草	１鉢200～500円
トイレ	トイレ	1500～4800円
	自動トイレ	22800～29800円
	砂落としマット	800～3000円
	トイレ砂（紙）	１カ月1000円
	トイレ砂（木材）	１カ月1500円
	トイレ砂（鉱物）	１カ月1500円
	消臭剤	800円
グルーミング	ツメ切り	800円
	ブラシ	1200円
	ノミ取りクシ	1500～2500円
	シャンプー・リンス	600～2000円
	ツメとぎ	500～3000円
	歯ブラシ・歯磨き粉	セットで800円
その他のグッズ	ベッド	1200～30000円
	ケージ	5000～35000円
	キャリーバッグ	3000～30000円
	首輪	1000円
	ハーネス	1000円
	ネコじゃらし	300円～
	アスレチック	5000～100000円
	服	2000円～
市販の薬品	マタタビ（粉末）	600円
	ノミ取り粉	800円
	虫下し	800円
	胃腸薬	1000円
	下痢止め	1000円
	かゆみ止め	1000円
医療費	健康診断	5000円
	予防接種	各6000～10000円
	出産	20000～40000円
	避妊手術	30000～40000円
	去勢手術	15000～20000円

＊医療費はP.166にも掲載。また、上記金額はあくまでも目安です。

Part 3

ネコの不思議&秘密

ネコのこと、どのくらい知っていますか？
ネコの声や表情から要求をくみ取ることができます。
また、しっぽの動きひとつで気持ちもわかります。
知れば知るほど、ネコがいとおしくなってきます。

LESSON 1 ボディランゲージ

表情から ネコの気持ちが わかる

ネコの感情表現はとっても豊か。声、顔、しぐさ、姿勢などをよーく見ると、ネコの気持ちが伝わってきます。

全身でメッセージを送る

目、鼻、口、ヒゲの1本1本からしっぽの先まで意味がある。

耳を立てたりたたんだり、ヒゲをピンッと張ったり顔につけたり、背中を丸めて毛を逆立てたり、しっぽを左右に振ったりくねらせたり……。これはみんなネコの言葉。「興味がある」、「遊んで」、「なにか食べたい」、「ほっといて」など、全身を使ってさまざまな気持ちを表しています（右ページ参照）。

前肢を体の下にしまったり、一番の弱点であるお腹を見せるのは信頼と安心の証。愛するネコのしぐさから、自分を信じてくれていることを実感できるのはうれしいものです。

←耳がピンと立って瞳孔が開くのは興味津々の表情。

名前を呼べば「ニャッ」と返事。鳴き声を使い分けて意思を伝える。

ネコの気持ちは鳴き声にも表れます。ニャッは「やあ」という挨拶や軽い返事、ニャーオは「遊んで〜」という甘えの表現、シャーは怒りで、「なんだよ！」という具合です。こうした“ネコ語”は、のどのゴロゴロやうなりなどを含めて16種くらいあるといわれています。声の強弱、長短、高低など、特徴をとらえておぼえます。ネコそれぞれに、声の特徴や鳴き方のくせもあるので、長いつき合いの中で理解し意思疎通を深めましょう。

親愛のボディランゲージ

エンピツの動きに好奇心をそそられて

耳を立て、ヒゲをピンと張り、瞳孔を開いているときは好奇心がいっぱいです。

ヒゲがピンピンに立ち、しっぽが小きざみに揺れている

しっぽを立てるのは、母ネコにおしりをなめてもらっていたころのなごり。好きな人にはおしりを見せてうれしさを表現。

前肢をしまって安心のポーズ

体の下に四肢をたたむ「箱座り」は、すぐに行動できない姿勢。安心している証拠。

お腹丸出しで「遊ぼうよ〜」

お腹を見せるのは相手を信頼している証拠。飼い主に遊んでほしい気持ち、あるいは降参の意思表示です。

耳を開き、目は半開きで「満足です」

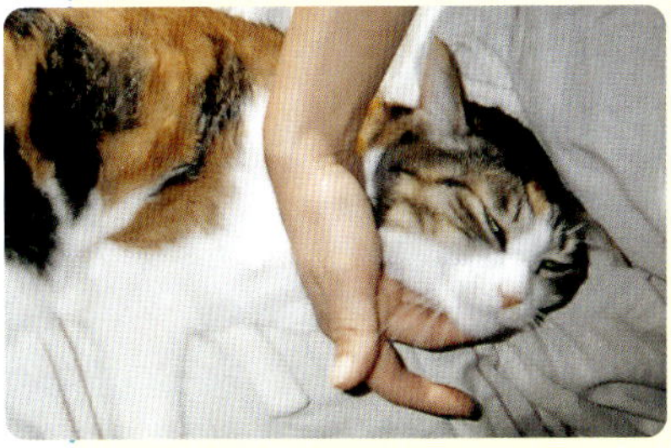

ヒゲはピンと張っているものの、目も耳も完全にリラックス。のどをゴロゴロ気持ちよさそうに鳴らします。

すりすりとにおいをつけながらおねだり

顔の臭腺《しゅうせん》を飼い主にこすりつけてにおいづけ。独り占めしたい気持ちの表れです。ごはんのおねだりや甘えの意味も。

怒ると猫相が変わる

**つり上がった目、
大きく開いた口と歯。
まさに鬼の形相！**

飼い主との生活がうまくいっている室内飼いのネコが、怒って攻撃に出ることは少ないはず。でも、ストレスがたまっていたり、機嫌が悪かったりするときに飼い主がちょっかいを出すと、怒りで猫相が変わることがあります。

耳をふせ、瞳孔が開き、背中を弓なりにして毛を逆立てるのは明らかな威嚇《いかく》。口を開いて歯をむき出して、「シャー」という声を出します。腰を後ろに引いているのは飛びかかるための準備。さらに攻撃態勢に入ると、しっぽの毛もいっぱいに逆立て、前肢を浮き気味にします。こうなると、ちょっとした刺激で飛びかかってきます。

攻撃と防御の表情

攻撃的威嚇

耳を後ろに倒し、鼻にシワを寄せ、歯をむき出して「シャー！」と鳴きます。目は細くつり上がって見えます。

防衛的威嚇

相手をにらみつつも耳をふせ、頭を低くして敵意がないことを表現。人間に叱られたときなら「ごめん」の合図。

攻撃と防衛の対立感情

耳をふせ、相手をにらみます。背を丸めて四肢を踏んばり、毛を逆立てて自分を大きく見せます。

相性が悪く、双方が譲らない同士のネコには普段からにらみ合いが。怒りに火がつけば攻撃を開始。

まだまだあるネコのボディランゲージ

抗議のまなざし、下がり気味のヒゲ

退屈や不機嫌のサイン。ストレスがたまっていることも。

日向で1日中毛づくろい

ストレス過剰。内股が赤くむけていたらノイローゼの可能性も。

鼻でツンツン、舌でペロン

一種の挨拶のようなもの。そのあと鳴いたらなにか要求あり。

寝ている飼い主に飛び乗る

起きて！ の意味。理由は空腹、トイレが汚い、遊びたいなど。

ツメでガリガリ

ツメを削るほかに、自分のなわばりを主張する意味が。

前肢をそろえ、だまって宙を見る

「霊界と交信」の珍説もある哲学の時間。いわば瞑想中。

そのほかのボディランゲージ

ヒゲとしっぽが口ほどにものをいう。なめる、ひっかくも「自己表現」。

ネコの感情は、ヒゲやしっぽによく表れます。ヒゲをピンと張るのは好奇心や驚き、鼻を膨らませてヒゲを広げるのは甘えの表情。ヒゲを前方に傾けたら警戒か興味、怒ったとき、恐怖や降参の意思表示では、顔にピタッとくっつけたりします。

しっぽを大きくゆっくり振るのはご機嫌なとき。考えごとをしているときも、しっぽの先をぱたぱたさせます。バタバタと激しく振るのはイライラや不機嫌のサインなので、そっとしておいたほうが無難。しっぽの毛が逆立ち、S字に曲がっていたら、怒りのポーズ。しっぽを振って、よろこびを表すイヌとは反対なので注意しましょう。

鼻でツンとつついたり、ペロンとなめたり。寝ている飼い主の体に飛び乗るのもボディランゲージの一種です。

POINT！ けんかで負けるとこんな感じ

しばしのにらみ合いの末、負けを認めたらその場にうずくまります。耳は垂れてしっぽも下がり、戦う意思のないことを示します。その後すきを見て逃走。

兄弟でじゃれ合いながら“ネコ語”を練習。

LESSON 2

行動の秘密

野生を感じさせる不思議さがいっぱい

いつも寝てばかりなのにジャンプ力抜群、エサがあるのに狩りもする、暇さえあれば毛づくろい……。ネコの行動の秘密に迫ります。

観察すると楽しい

知れば知るほどミステリアスなネコの生活。

飼い主と枕を並べて寝たり、テレビを眺めたりするなど、自分のことを人間だと思っているのでは？ とも思わせるネコ。でもその半面、虫や動く光を素早く追ったり、ピタッと止まったり、さすが元野生動物と感じさせる面もあります。高くて狭くて暗いところを好むのも、自然界で狩りをしながら身を守っていたころのなごりです。知れば知るほど不思議なネコの行動を観察してみましょう。

ネコならではの行動が人間の興味をそそります。

ものかげにかくれて周囲の様子をうかがうのも習性。

寝る 睡眠１日14時間。快適な寝床を求める執念はすごい！

睡眠時間は子ネコで１日約18時間、成ネコでも14時間。熟睡していないことも多いのですが、それでも一生の大半を寝て過ごすのは、むだな体力を使わないネコならでは。通気性がよく、暖かくて安全な寝場所を求めて移動もします。睡眠へのこだわりは圧巻。

暖かさを求めつづけるネコ。仲間だって暖房がわりに。

伸び 四肢の先までビヨーンと伸ばしコンディションを整える。

眠りから覚めたときや、じゃれている途中でビヨーンと体を伸ばす行為。いかにも気持ちよさそうですが、そこには科学的な意味があります。なんと、下がった体温や心拍数を上げて活動に備えているのです。一瞬にしてコンディションを整える能力があります。

背中を丸めて上に伸び、前肢、後肢の順に伸び。

ネコはいつもつま先立ちで歩いています。忍び足や瞬発力の秘密はここにあるのです。

グルーミング ただのきれい好きじゃない。毛づくろいで体を守る。

柔軟な体を生かして、体中の毛を整えるネコは確かにきれい好きですが、グルーミングにはほかにもいろいろ役割があります。体をきれいにするのは、においを消して獲物に近づくため。夏は唾液を蒸発させて涼しくし、冬には毛の間に空気を入れて体温調節。母ネコになめてもらったように自分をなめ、気持ちを落ち着かせる意味もあります。

ザラザラした舌で全身をマメにグルーミング。

俊敏な行動を支える肉球のグルーミングも怠りなし。

CHECK! ネコ同士のルールがある

ネコはもともと単独行動をする動物ですが、家の中で複数いっしょに飼われたり、狭い範囲にのらネコがたくさんいたりする場合などは、ネコ同士のつき合いもします。そこには、目と目を合わせない、強いネコには敬意を表する、場所取りは早い者勝ちなど、いくつかのルールがあるので、繁殖期以外はほとんど争いは起こりません。仲のいい者同士なら、鼻と鼻を合わせて挨拶もします。

ハンティング 遊びながら狩りを習得。飼いネコは獲物を食べない。

待つ、ふせる、獲物の動きを観察、すきを見て飛びかかる。これがネコのハンティング手順。生後2～3カ月のころ、母ネコから教わります。ネコには狩猟本能があるので、食料としての獲物が必要なくても狩りをします。おもちゃに飛びかかったり、噛んだりする行動は狩猟そのもの。遊びながら狩りを学び、また、本能を満たしているのでしょう。

飼いネコは獲物を飼い主に見せ、狩りの実力を誇示。

集会 テリトリー内の仲間が集まる。ネコ社会の顔合わせ？

　のらネコや、外を出歩く飼いネコたちは、ときどきテリトリーを共有する者同士で集まります。時間は夕方から朝にかけて。場所は公園、神社の境内、駐車場などちょっとした広場です。参加しているネコは毛づくろいをしたり、座っていたりするだけ。けんかもしません。集会の意味は解明されていませんが、ネコ社会の顔合わせともいわれています。

集会の時間と場所をどう決めているのかは謎のまま。

テリトリー 1匹につき半径100〜500m。毎日見まわりを欠かさない。

　群を作る習性のないネコは、自分だけのテリトリーを持ち、身を守ります。よそ者を入れさせない生活の場がホームテリトリー、ほかのネコと共有する場がハンティングテリトリーです。どのネコもほぼ毎日、同じ時間にテリトリー内を見まわります。外ネコのテリトリーは半径100〜500m。室内飼いのネコの場合は見まわりをする範囲がテリトリーです。

POINT！ ツメとぎはテリトリー表示

　ツメとぎには、マーキングやスプレー行動と同じ、においづけの意味があります。テリトリー内でさかんにツメをとぎ、自分のなわばりを主張します。

それぞれが自分だけのホームテリトリーで暮らしながら、ハンティングテリトリーを仲間と共有します。みんなのテリトリーが重なる場所が集会場です。

LESSON 3

体の秘密

複雑でデリケートな体の仕組み

しなやかな筋肉と
鋭い感覚器、
鋭利な凶器まで
備えたネコの体。
それは“精密”で
とても感動的。

不思議がいっぱい

力強く優雅、なめらかで
俊敏な動きはどこから？
謎が謎をよぶ。

子ネコのうちからネコじゃらし目がけて跳び上がったり、おもちゃにつかみかかる様子を見ていると、ネコの身体能力に改めて驚かされます。高いところから落ちてもひらりと身を立て直して無事着地。障害物のある道や狭いすき間も簡単に通り抜けます。音もなく獲物に忍び寄るのも得意。そんな不思議な能力の裏には、神経、感覚器、骨格、筋肉などが複雑に連動する体の構造が隠されています。

ネコは猛獣の仲間。体のつくりはハンターそのもの。

脳と感覚器、運動器官が調和したむだのない動き。

目 暗がりでも判別可能。抜群の動体視力で敏感に反応。

暗闇で照らすと光る目。網膜の裏にタペータムという反射板があり、目に入った光を2倍にして使っているためです。明るいときは瞳孔がしぼられて細い線のようになり、闇では真ん丸に開き、光の量を調節します。意外にも視力は人間の10分の１程度と、かなりの近眼。しかし動体視力は抜群で、聴覚と視覚、そこに集中力を使い、敏感に反応します。

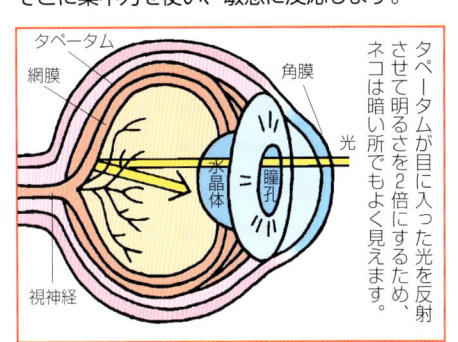

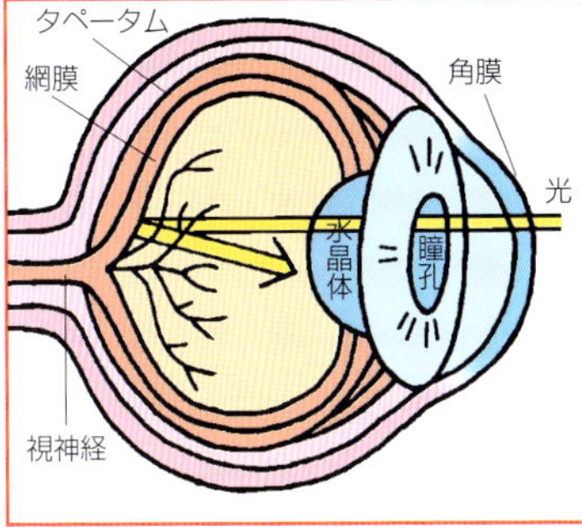

タペータムが目に入った光を反射させて明るさを2倍にするため、ネコは暗い所でもよく見えます。

耳 超音波も鋭くキャッチ。音までの距離も正確に測る。

自由に向きを変え、音の方向に素早く合わせます。人間の2万ヘルツに対し、10万ヘルツ近くまでキャッチ。また、ほかの動物が耳にしか持っていない細胞を目にも持ち、目と耳で音をとらえるのはネコの特徴。音源の位置を聞き分け、音までの距離を正確に測ります。三半器官（平衡感覚）も高性能。高い場所から落ちても身を立て直すことができます。

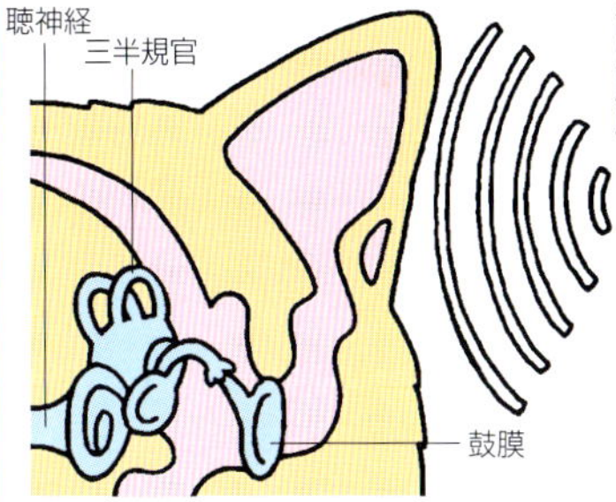

脳の感覚中枢のすぐ上が耳。微妙な角度で耳の向きを変え、瞬時に音に反応。

ネコの体はこんなつくり

目
光の量を瞳孔で調節。暗闇でも見える。動体視力が高く視野も広い。

鼻
においを感じる嗅《きゅう》野《や》は人間の2倍の広さ。温度を測る機能もある。

ヒゲ
口の左右、目の上、頬、アゴの4カ所。根元に敏感な神経がある。

肉球
指球と掌球からなる厚い皮膚で、クッション兼消音材として働く。

耳
パラボラアンテナのように音の方向に動く。音までの距離も測れる。

舌
表面にやすり状の突起（乳頭）。毛づくろいではクシの役割もする。

四肢
上下、前後、左右に動く前肢と、ジャンプに適した筋肉を持つ後肢。

しっぽ
先端まで骨と神経が通う。バランスと方向のかじ取りを担当。

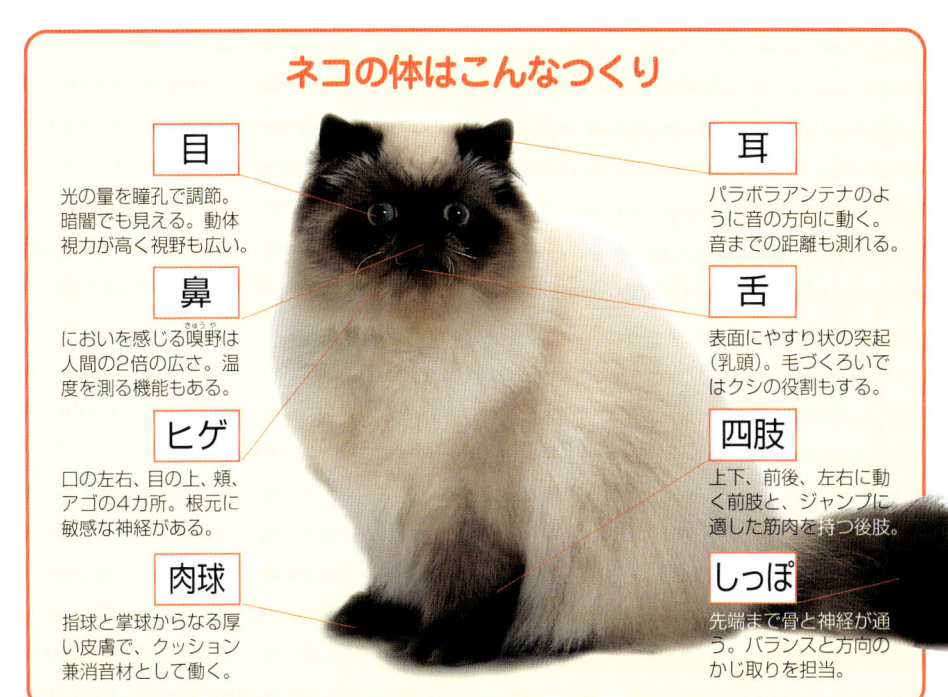

鼻

嗅覚でテリトリーを確認。食べる食べないも鼻で決める。

鼻をヒクヒクさせてにおいをかぐネコ。鼻の穴の奥にある、においをキャッチする細胞は40㎠と人間の2倍。上アゴの奥にはヤコブソン器官とよばれるかぎ分け器官も持っています。マーキングのにおいをかぐとき口を開けることがあるのは、この器官を使っているため。食べるかどうか決めるのも嗅覚で、味覚より嗅覚が優位に立っているのです。

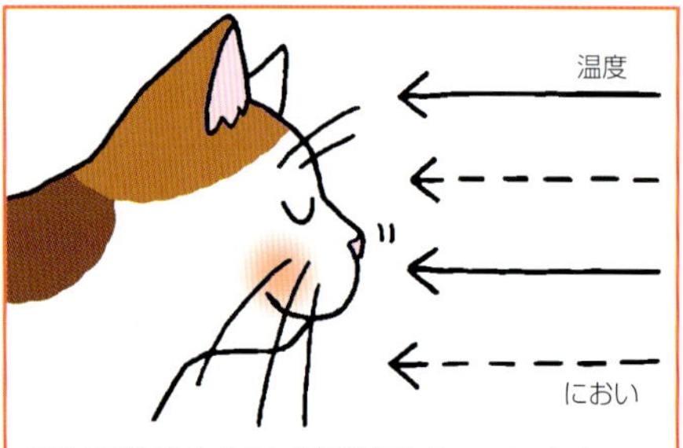

鼻は嗅覚以外に温度感知機能も持っています。

舌

長くて筋肉質。先端はスプーン状で表面はザラザラ。

舌の表面に並ぶザラザラした突起は乳頭といって、本来は獲物の骨から肉片をはがす役割があります。食器に残ったエサをきれいになめられるのはこの乳頭があるから。水を飲むときも乳頭に水滴をためて口に運びます。舌先はスプーンのような形です。グルーミングの際には、舌はクシの役割を果たします。むだ毛や汚れをきれいに落とす力は強力です。

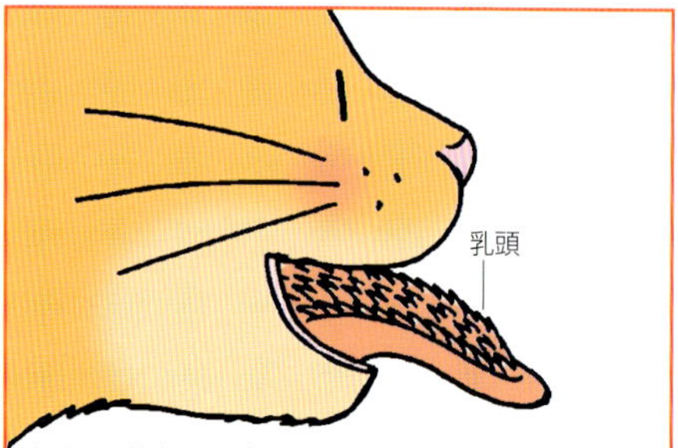

なめる、飲む、毛づくろいと、乳頭の役割りは多い。

四肢

短距離走と跳躍が得意。つま先立ちからダッシュ。

前肢は上下、左右、前後、自在に動かすことができます。後肢は左右には動かせませんが、狙いを定めたところに向かって、骨と筋肉で跳躍します。ジャンプ力は身長の5倍です。人間でいう肘《ひじ》、膝《ひざ》に見える曲がった部分は、ネコの手首とかかとに当たります。つまり、ネコはいつもつま先立ちで歩いているのです。これが瞬発力、忍び足の秘密です。

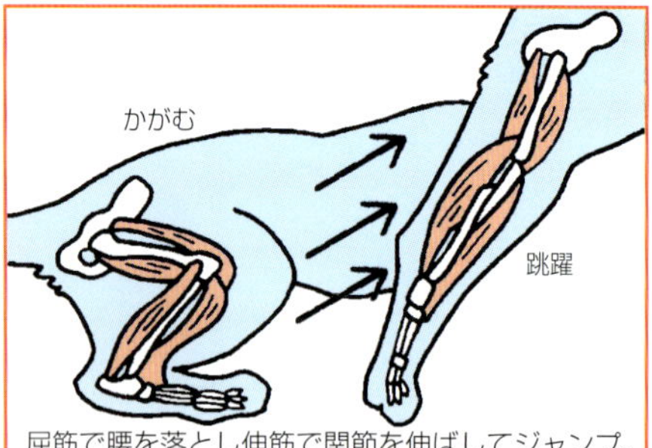

屈筋で腰を落とし伸筋で関節を伸ばしてジャンプ。

肉球

弾力性に優れた皮膚の膨らみ。活発な行動は、肉球のおかげ。

肉球は四肢の裏にある弾力性豊かな皮膚。表面はしっかりした固さがありますが、触るとぷよぷよとした感じです。この柔らかい肉球はジャンプの際のクッションの役目をするほか、音をたてずに歩くための消音材、急に止まるときに滑り止めとしてとても重要。表面がすり減れば、すぐに新しい細胞に生まれ変わるメンテナンス機能つきです。

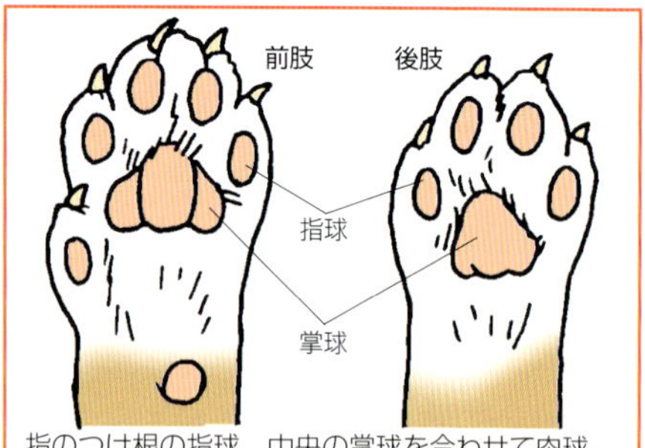

指のつけ根の指球、中央の掌球を合わせて肉球。

ネコの骨格＜アメリカンショートヘア＞

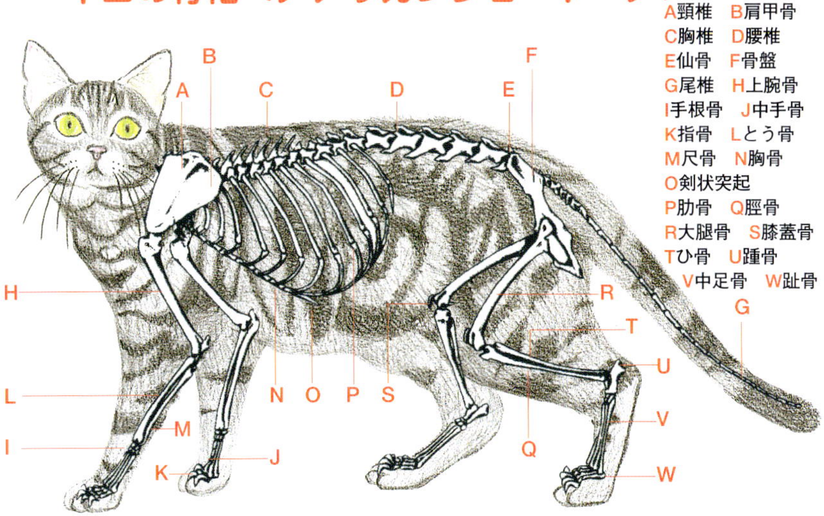

小さく丸まったり、ビヨーンと伸びたり、ネコの体はとても柔軟。これは、細かい骨が連なった弓のようにしなやかな背骨があるから。

240個から構成される骨格の中でも、背骨は体の中心で、肩甲骨から上腕骨に、腰椎から大腿骨につながります。

しっぽには先端まで尾椎が連なり、細かな動きを可能にしています。

ヒゲ 穴の大きさも風向きもキャッチ。暗闇もヒゲがあるから大丈夫。

ヒゲは、口の左右、アゴ、頬、目の上の4カ所にあります。ヒゲの先端を結ぶと楕円が描けます。この楕円の大きさがネコが通り抜けられる範囲です。暗闇でも素早く動けるのはヒゲがあるから。根元は液体の入った袋状で周囲には神経が通っています。この神経で、物体周囲の気流の違いをキャッチし障害物を避けたり、においの方向を判断します。

しっぽ おしゃべりで機能的。生活になくてはならない大事な道

よく動くしっぽは、高いところから飛び降りるときに方向を定めるかじ取りの役目をしたり、塀の上を歩くときにバランスをとるなど、安全に生活するために重要な働きをしています。先端まで骨と神経が通い、微妙な動きでその機能を果たします。意思表示の道具としても優秀。ピンと伸びているのは甘えのサイン、激しい動きはイライラの印です。

わずかな空気の流れをヒゲが感じとり闇の中を移動。

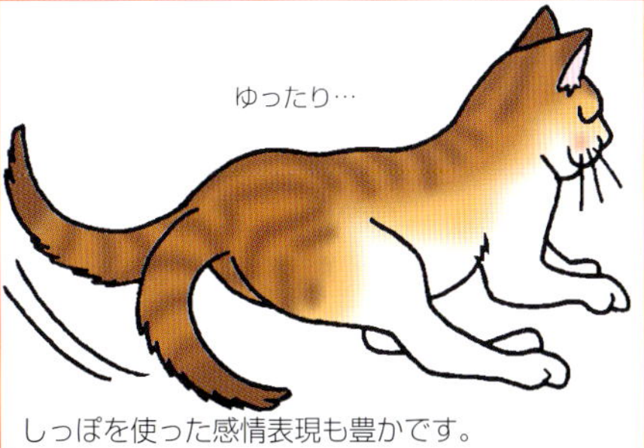

しっぽを使った感情表現も豊かです。

Column 2

ネコの運動神経

骨格と筋肉で走る、跳ぶ、登る。

ネコは昔から、獲物を捕食し、敵から逃れる能力にたけています。その能力の基礎となるのが運動神経。高いところに跳び上がるジャンプ力、瞬時に移動する瞬発力、時速50㎞も出るスピードは特筆すべきもの。垂直の壁や木を、地面を歩くように登るのも得意です。

高いところからひらりと着地できるのは、反射神経のなせるワザ。小さな体に張り巡らされた神経のネットワークと、それにコントロールされる筋肉と骨格で、アクロバットのような動きを難なく可能にしているのです。

⬆四肢の筋力、器用なツメ、平衡感覚で楽々木登り。

①体を丸め、腰を落として狙いを定め、後肢をバネにジャンプ！ 高くて狭い場所にも上手に跳び乗ります。
強靱な後肢を使えば身長の5倍ものジャンプが可能。
②背中から落ちても大丈夫。まず頭をひねり、つづいて前肢と胸の向きを変えます。
宙返りに要する高さはわずか60㎝。
③しっぽでバランスをとりながら、お腹からおしり、後肢を回転。
④背中を丸めて体勢を整え、ひらりと着地。肉球が衝撃を吸収するので、着地後すぐに移動できます。

Part 4

ネコと快適に暮らす

いざ暮らし始めてみたら、トラブル発生。
愛情たっぷりにお世話するだけではダメ。
ネコちゃんにもちゃんとルールを守ってもらいましょう。
おたがいに快適に暮らせることが大切です。

LESSON 1 ようこそ！ わが家へ

ネコがやってきた 初日は家の中を探険

初日は飼い主もネコも緊張でドキドキのはず。でも、食事をあげたり遊ばせたり、することはいっぱいです。

静かに見守る

環境の変化に慣れるには時間が必要。まずは自由に行動させる。

ネコを家に連れてくるときは、専用のキャリーバッグを使うと便利。家に着いたらすぐにバッグから出してあげます。

初めての場所は、ネコにとってとても不安。うろうろ歩きまわったり、ものかげに隠れてしまうネコもいますが、慣れるまでは手出しをせず、そっと見守ってあげてください。

新しい家に来て2〜3日は不安で落ち着かないのがふつうです。

トイレを教える

初日から教え込めばあとが楽。失敗対策には新聞紙が便利。

「はじめのうちは自由にさせる」が基本ですが、トイレだけは決めた場所でできるよう、初日から教えます。

食事のあと、しきりに部屋のにおいをかいでいたら、トイレの合図にまちがいないでしょう。そのタイミングで素早くトイレに連れて行きます。1回目は失敗することもあるので、部屋に新聞紙を敷いておくと安心です。トイレは洗面所などの隅に置くのがおすすめ。

このようにトイレのまわりを中心に、新聞紙などを敷きつめ、失敗に備えます。

食事はいままでどおりに

**内容・回数・時間とも
前のあたえ方を継続。
新鮮な水をたっぷり準備。**

食事は、前の飼い主と同様のあたえ方をすると、比較的安心して食べてくれます。手づくりからドライフードに替える、夕食を遅くする、というように、自分の生活スタイルに合わせて食事のしかたを変えたいなら、1週間くらいかけてじょじょに切り替え、水は新鮮なものを自由に飲めるようにしておきます。

使い慣れたものをあたえる

**前の飼い主からもらった
砂やベッドで、
ネコを安心させる。**

ネコは、自分のにおいのついたものがあると安心します。それまで使っていた毛布、タオルなどや、オシッコのついた砂を少量、前の飼い主からもらっておきます。

新しいベッドやトイレにさりげなくそれらを置くと、自然に使えるようになります。ベッドは日当たりがよい静かな場所に設置を。

水用とエサ用、ふたつの容器を準備しておきます。

➡新しいベッドにはネコの愛用品を入れてあげて。

わが家にネコを連れてくるときの注意点

母ネコの気持ちを思いやって

できれば連れてくる前に何度か足を運び、ネコに自分の顔をおぼえておいてもらうといいでしょう。連れ出すときは、絶対に母ネコに気づかれないようにすること。自分の子を奪われるのは母ネコにとってはとてもつらい出来事だということを、十分理解しておいてください。

連れてくるときのポイント

1 引っ越し前に何度か会っておく。
2 母親に気づかれないよう連れ出す。
3 なるべく午前中に引っ越しする。
4 引っ越しの朝は食事を抜く。
5 やさしく声をかけながら運ぶ。
6 車の場合はバッグごと床に置く。
7 愛用品をいっしょに入れて運ぶ。

引っ越しは午前中にすると、その日のうちにある程度新しい家に慣れさせることができます。その日の朝は食事を抜き、新しい家に着いたらエサと水をあたえます。運ぶときはネコに声をかけてあげましょう。あまり揺らさないで運ぶことが大事です。

⬅母親が気づくと、子ネコを隠してしまうことも。

Column 3

ネコの1日の過ごし方

寝て遊んで食事をして、また寝る。

1日14～20時間も眠る「寝子」

「ネコ」という名前は「寝る子」からきたという説があるほど、よく寝る動物です。成ネコの一般的な睡眠時間は1日約14時間。子ネコやよく眠るネコの場合は、1日20時間以上も寝ていることがあります。ネコ科の動物はもともと夜行性ですが、人間に飼われているネコは、日中行動し、夜眠ります。

1日の生活は、飼い主のライフスタイルや飼い方にもよりますが、通常は食事と排泄《はいせつ》を習慣的に行い、走ったりじゃれたり、ときどきツメとぎや毛づくろいをするといったことが、起きているときの時間の過ごし方です。

室内飼いの場合は、家の中でゆっくりくつろいで景色を眺めたり、外に出している場合はお気に入りのコースを散歩したりします。

無防備な姿勢で熟睡できるのは安心している証拠。

ネコは基本的に単独行動を好みますが、飼い主とのスキンシップも大好き。朝や寝る前などになでてあげる時間をつくりましょう。

主人に合わせて飼いネコらしく暮らす

ネコと上手に暮らすためには、基本的な生活パターンは飼い主に合わせさせたほうがおたがいに楽。

たとえば、就寝と起床は飼い主と同じにし、夜中は遊ばせない。食事も飼い主の都合のよい時間に決めてOK。食事の時間が決まれば、おのずと排泄も規則的になります。

睡眠、食事、排泄は生活の基本。これらがしっかりできれば、あとはネコが自由に過ごします。毎日同じ場所で昼寝をしたり、同じ時間に水を飲むといった、ネコの習慣に気づくのも楽しいものです。

食事の時間を決めておくと、規則正しい生活がしやすくなります。

←若いネコは運動量も多いもの。

あるネコの24時間

24:00

飼い主もいっしょに遊ぶはめにも。

睡眠

夜行性に目覚めるのか、興にのると飼い主が寝たあとでもドッタンバッタンとひとりで遊んでいることも。

ベッドは使わず、飼い主の布団の中にもぐり込むこともしばしば。

トイレ

飼い主に合わせるかのように、12時ごろ就寝。その前にトイレ。

ネコじゃらしは遊びの定番。

本格的な遊び

夕食が終わると、本格的な活動に。廊下を走りまわったり、タワーに登ったり。深夜12時ごろまで激しく遊ぶ。

朝は7～8時くらいに起床。夏は早めで、6時くらい。

6:00

食事・トイレ

夕方6時くらいに食事とトイレタイム。

18:00

遊びがてら、水を飲みにふろ場までおもむくことも。

食事・トイレ

朝起きたら、5～10分ほどかけて、朝食。その後、最初のトイレタイム。

ドライフードが大好き。

遊び・睡眠

お昼から夕方まではちょっと動いていたずらをしたり、ボーッとしていたり、寝ていたり。

夕方まで熟睡。こういう日の当たる場所が大好き。

遊び・日光浴

朝食のあとは、お昼ごろまで、冬は日向で、夏は涼を求めて風の通り道で、ごろごろしたり遊んだり。

こうすると、日向ぼっこと昼寝がいっしょにできる。

なにかを見つけた？

12:00

ベランダで飼い主とじゃれ合うことも。

LESSON 2

基本のしつけ

しつけは食事・トイレ・ツメとぎから

ネコは気まぐれですが、
飼い主しだいでお行儀よく
育てることができます。
まずはしつけの基本、
食事、トイレ、ツメとぎから
教えてあげましょう。

エサが飛び散るのを防ぐには、縁のある食器にするなどの工夫も必要。

食事のしつけ

時間・場所・分量を
決めて規則正しく。
人間の食べものはダメ。

ネコの飼い主には、エサをいつでも食べられるようにしている人と、決めた時間に一気に食べさせる人がいます。しつけのためには、時間・場所・分量を決め、それ以外はあたえないほうがよいでしょう。

食事をきっちりさせることで、けじめのある生活を教えます。食べないからといって、つぎつぎにエサを替えたり、おやつばかりをあたえたりするのは、わがままのもとです。また、人間の食べものは栄養的にもネコには合わないので、あたえてはいけません。

←子ネコなら1日3〜4食、成ネコなら1日2食が目安。

トイレのしつけ

場所を固定し、においを残すのがコツ。上手にできたらほめてあげる。

食事のあと、うろうろして部屋のにおいをかぎ始めたらトイレの合図。最初は抱いて連れていき、トイレに入れてあげます。

排泄中は静かに見守り、上手にできたらやさしくなでながら、ほめてあげましょう。はじめのうちは排泄物をすべてかたづけないで、少しにおいを残しておくのが、トイレの位置を早くおぼえさせるポイントです。これを何度か繰り返せば、簡単におぼえてくれます。

1度おぼえたトイレのしかたをネコは一生忘れません。

POINT ! 名前をつけて、おぼえさせよう

名前をおぼえさせて、呼んだら来るようにしつけます。そのためにはおぼえやすい単純な名前を、複数飼いの場合にはそれぞれに区別のつきやすい名前をつけることがポイント。そして、食事や遊んであげる前に必ず名前で呼びます。呼ばれてやってきたら、おおいにほめてあげましょう。

なにかにつけて連呼することがおぼえさせる早道。

ツメとぎは健康に不可欠。上手にマスターさせて。

ツメとぎのしつけ

ツメとぎはネコの習性。決まった場所に板を設置し根気よく教える。

ネコのツメは伸びすぎると手に刺さってしまうので、ツメとぎが必要。生まれて2～3カ月目ごろからマスターさせます。

トイレと同じく、まず場所を決めてさせること。市販のツメとぎ板やダンボールなどで作ったツメとぎ台を準備し、ツメをとぐ動作を見せたら連れていきます。

うまくとげたらほめてあげることも忘れずに。トイレのしつけより時間がかかりますが、愛情を持って根気よく教えます。

ネコにはマタタビ入りのツメとぎが人気。

ほめ方・叱り方

よい、悪いを明確に。要は、人間の子どもと同じように接すること。

ネコも基本的には人間の子どもと同じ。ほめられればうれしいし、叱られれば怖いとか、いやだとか感じます。この感情をうまくしつけに生かすには、「よい」「悪い」をはっきりと伝えること。お行儀よくできたら「いい子ね」とほめ、食卓に乗るなど悪いことをしたら「こらっ」と強い調子で叱ります。

ほめるときは「いい子」「素敵！」とオーバーに。

POINT！ 体罰は絶対にダメ！

ネコはとても敏感な心の持ち主。飼い主に体罰を受けたら、その傷は深くネコの心にきざまれてしまいます。そして気むずかしくなったり、人間に対して臆病になったりします。反対に暴力的なネコに成長することも。叱るときは必ず言葉で。体に触れるなら頭や腰を押さえる程度にします。

これを繰り返すうちにほめられることをし、叱られることはしないようになります。

よいこと、悪いことを日によって変えると、人間に不信感を抱くのでくれぐれも注意を。

ダメなことはダメと、いいつづける根気が大切。

ネコのいやがること

じっと見つめられるのが苦手。大きな声や音、タバコは大嫌い。

静かでおだやかな暮らしを好むネコは、大きな声や音が大の苦手。特に、突然の大音響は大嫌いです。ネコが火に近づくといった危険な行為を止めたいときなど、特別な場合をのぞき、大声を出してはいけません。そして「突然」がいけないのは動作も同じ。ネコのそばで急に立ち上がったりしてもおびえます。

ネコの目をじっと見つめるのも、攻撃の合図だと勘違いして身構えるのでダメ。タバコ、みかんのにおいも嫌います。生活していればネコの苦手なことがわかるはず。飼い主としてそれを察して、避けてあげましょう。

やってはいけないこと

1 大声、大きな音を出す。
2 じっとネコの目を見つめる。
3 ネコのそばで急な動作をする。
4 寝ているのを無理に起こす。
5 かまいすぎる。
6 耳やしっぽを引っぱる。
7 四肢の先を強く握る。
8 ネコのそばでタバコを吸う。

➡ネコはびっくりすることをとても嫌います。

アパート・マンションでのしつけと対策

近隣に迷惑をかけない

アパートやマンションでネコを飼う場合、なによりも大切なのは近隣への配慮です。集合住宅には共有スペースが多く、一戸建ての住宅のようにネコを自由にさせるのはマナー違反。室内飼いが原則です。

できれば、ベランダにも出さないようにしたいもの。毛が飛び散って近所の洗濯物やふとんに付着する可能性もあるし、手すりに乗って転落！ などという危険性もあります。

ですから、ベランダに出したい場合は、高いフェンスで囲ったり、毛をすかない、トイレを置かない、などのマナーが必要です。

におい、鳴き声、振動にも気をつけて

窓を開け放つ季節には、ネコのにおいが風にのって近隣に運ばれることもあります。トイレをはじめ、消臭には細心の注意を。

よく鳴くネコ、運動大好きネコの場合は夜寝るようにしつけ、騒音対策として防音サッシや衝撃吸収マットなどが必要でしょう。

集合住宅でのしつけのポイント

1 部屋の外に出さない。
2 ベランダではおとなしくさせる。
3 ベランダで毛をすかない。
4 ベランダにトイレを置かない。
5 夜眠るようにしつける。
6 防音・消臭をしっかりする。

➡ベランダは転落の可能性もあるデンジャラスゾーン。

なんにでも興味を示す子ネコ。しつけは子どものうちが肝心。ネコが来た当日からしつけの開始です。

LESSON 3 ネコの食事

健康はバランスのとれた食事から

ネコも人間と同様に規則正しい食事が大切。栄養が偏れば、小さな体はたちまち弱ってしまいます。上手な食べさせ方をマスターしましょう。

理想の食事

栄養バランスが最も優れたキャットフードに、ひと手間プラスして。

食事の場所と時間はいつも同じにするのがポイント。

ネコはもともと肉食動物。肉に含まれる栄養素の代表はタンパク質です。特に重要なのはタンパク質の中のタウリンというアミノ酸で、体重当たりの必要量は人間の5〜6倍。ほかには骨を作るカルシウム、ビタミンではAとB_1を最も必要とします。これらがバランスよく含まれるのはキャットフードです。

キャットフードには缶詰などのウエットタイプ、粒になったドライタイプ、袋入りのレトルトタイプなどがあります。これらにかつおぶしなどをかけたり、2種類ミックスしたりして、ネコの好む味をつくりましょう。成長期や授乳中などは、栄養価の高い卵やゆでた鶏肉を加えてアレンジするのもおすすめです。

食生活がよいと、骨格がたくましく毛並みもきれいに。

量とカロリーの目安

育ち盛りの子ネコは、成ネコの3倍必要。個体差にも配慮して。

ネコの食事の適正カロリーは、体重1kg当たり約80kcalです。一般的な成ネコの体重はオスで5kg近く、メスで約3kg。計算すると1日オス400kcal、メス240kcalとなります。これを2回に分けてあたえます。

成長期にある子ネコの場合は、ピーク時で成ネコの3倍必要。生後2～3カ月なら、体重1kg当たり250kcalくらいあたえます。授乳ネコも同じく250kcal程度必要。妊娠中は多めに、老ネコは回数を多く量を少なめに。

老ネコは
回数多く
量を少なめ
子ネコは成ネコの
3倍…
ネコの成長段階に合わせ、適正な量を与えましょう。

子ネコは成ネコより大食。体重が増えるのは4歳まで。

ネコに必要な1日のエネルギー

成長度	体重1kgに必要なエネルギー	食事回数
10週齢	250kcal	4回
20週齢	130kcal	3回
30週齢	100kcal	3回
40週齢	80kcal	3回
運動量の少ない成ネコ	70kcal	1～2回
運動量の多い成ネコ	80～90kcal	2回
妊娠ネコ	100kcal	4回
授乳ネコ	250kcal	4回
老ネコ	60kcal	1～4回

フード選びのポイント

成長期別の総合栄養食が便利。賞味期限や保存状態にも注意。

キャットフードは、見た目、味とも幅広く、ジャーキーなどのおやつにも多くの種類があります。基本的には、必要な栄養素がバランスよく含まれる総合栄養食を中心にします。子ネコ用、成ネコ用、老ネコ用など成長期別にパックされた商品が便利です。ひとつの商品に決めたらあまり替えないほうがベター。ほかの商品は食欲のないときに加えてみる程度にします。

お店で買うときは、賞味期限ぎりぎりのものや、直射日光の当たる場所に置かれているなど管理の悪いものは避けましょう。

CHECK! ネコへのおすそ分けはダメ！

食事中に甘えられると、「しょうがないわね」とおすそ分けしていませんか？ 人間の食べものの多くは味付けが強すぎて、ネコの体には有害。気をつけて！

有害!

ネコの食事には、必ずたっぷりの水を添えましょう。

子ネコの食事

人工授乳から離乳食、成ネコと同じ食事まで、栄養管理をしっかりと。

子ネコは心身ともに重要な発達段階にあり、この時期の栄養管理によって成長の善し悪しが決まります。ネコの消化機能は雑食の人間やイヌとはまったく違い、タンパク質、脂質を効率よく吸収・利用し、糖分をほとんど必要としません。このネコ特有の栄養バランスを手づくりで補うのは難しいでしょう。

生後3週目までの授乳期、生後3週から8週目くらいまでの離乳期。それぞれ市販の子ネコ用ミルク、子ネコ用離乳食を使用するのがベスト。成ネコと同じ食事に切り替えられるのは、生後8週目くらいからです。

ミルクは1日5〜6回、ほしがるだけあたえてOK。

食器を1匹1個にすると適量をあたえやすいですね。

ネコに必要な栄養素

タンパク質	体をつくる栄養素。タウリン(アミノ酸)は視力や心臓の運動維持に不可欠。
脂質	エネルギー源。微量栄養素の吸収を助け、必須脂肪酸は免疫機能にも関与。
ミネラル	カルシウム1：リン0.8が理想。過不足は神経や血液の異常の原因に。
ビタミン	タンパク質や脂肪の代謝促進。AとB_1は特に大事。欠乏、過剰とも注意。

生後3週まで

人肌に温めた子ネコ用ミルクを子ネコ用哺乳《ほにゅう》ビンで。牛乳はダメ。

市販の子ネコ用ミルクには、液体タイプと粉末タイプとがあります。使い方を守ればどちらでもOK。これを人肌に温め、ネコの授乳専用の哺乳ビンに入れてあたえます。ネコを膝に乗せ、片手でネコの頭を少し上向きになるように支えながら飲ませます。牛乳はネコの体質に合わないので避けたほうが無難です。

哺乳ビンで飲まないときはスポイトで少しずつ。

生後3週～8週

段階的に成ネコの食事に近づける。ミルクを卒業したら水をたっぷり摂取。

行動範囲が広がる3週目くらいからミルクと子ネコ用離乳食を混ぜてあたえ、離乳食に切り替えていきます。鶏ササミや白身魚、レバーなどを刻んで加えてもＯＫ。ミルクを減らした分、たっぷりの水で水分を補います。離乳食に慣れた7週目くらいからは、離乳食に幼ネコ用キャットフードを加えていきます。

離乳食は高カロリー、高タンパクが基本。

ミルクに離乳食を少量加え、離乳をスタート。

離乳食の目安

6カ月はまだ子ども。でも食事は大人の仲間入りです。

生後8週～6カ月

子ネコ用キャットフードが適切。くだいた成ネコ用フードにも挑戦。

子ネコは3カ月くらいまでは急激に成長。その後成長は緩やかになります。それに伴い食事のカロリーを落としていきます（P.63表参照）。栄養バランスがよいのは成長期に合った子ネコ用キャットフード。3カ月を過ぎたら、くだいて食べやすくした成ネコ用ドライフードも取り入れてみましょう。

POINT！ マタタビをうまく使ってしつけを

ネコがいうことを聞かない、呼んでも来ないといったときにはマタタビを使っておびき寄せると効果抜群。ツメとぎの場所を教えるときなどにも利用できます。

成ネコの食事

ドライフード（主食）＋水でOK。栄養満点で、歯の健康維持にも効果的。

成ネコに必要な要素をまんべんなくそなえているのはドライフード。栄養バランスがよく歯応えがあり、歯にくっつきにくいので、虫歯や歯肉炎の予防にもグッド。比較的安価で扱いが簡単。保存性が高いのも利点です。

ドライフードだけでも問題ないのですが、おいしくするために缶詰や、肉、魚などの生鮮食材を加えてもOK。その場合は、加えたカロリー分、ドライフードを控えます。水は腎臓の健康維持に不可欠。食事には必ず新鮮な水を添え、水分補給をうながします。

食事時間を守らせるためにも飼い主が規則正しい生活を。

朝夕2回が基本。妊娠・授乳中は4回に増やします。

POINT! **ドライフードにやわらかフードをミックス。おいしさもアップ**

硬いエサを嫌うネコには、やわらかさを加えたアレンジメニューを。❶鶏ササミをゆでて刻む ❷ドライフードの半量を、冷ましたササミのゆで汁に浸して30～60分置く ❸①②を残りのドライフードに混ぜる。おいしさもアップ。

▼

ネコの食事に彩りは不要。必要なのはおいしそうなにおいです。

老ネコの食事

8歳ごろからカロリーを抑え、老ネコ用フードに少しずつ切り替えていく。

人間と同じで、ネコも老化すると食べ方に変化が出てきます。成ネコから老ネコに移行するのは8歳くらいから。動作がにぶく、代謝も低くなるので、カロリーは成ネコに比較して2割減程度でたりるようになります。

この時期になったら、様子を見ながら老ネコ用フードに切り替えていきます。歯が弱って食べにくいネコには、ドライフードをふやかしてあたえても。1度にたくさん食べられなくなったら3〜4回に分けてあげます。

病気のネコ、超高齢ネコの食事は獣医と相談を。

POINT! おやつも低カロリータイプに

「食事は軽めに」が原則の老ネコには、おやつは必要ありません。でも、食事をとりにくいときなど、たまにならOK。もちろんカロリーの低いものを少しだけあたえます。

年老いて体力が衰えても好きなおやつには目がない!?

ダイエット用食事

時間をかけて計画的に食事量を減らす。遊びで運動量をアップ。

太っているネコはユーモラスでかわいいもの。でも、心臓の負担は大きく、栄養過多による糖尿病なども心配です。病気予防のためにも早いうちにダイエットしましょう。

基本は食事療法。摂取カロリーを通常の成ネコより低い、体重1kg当たり50kcalを目安にします。市販のネコ用ダイエットフードも便利。食事量はじょじょに少なくするのが、空腹感をやわらげるコツ。さらに、ネコじゃらしなどで運動させます。10〜13週間かけて、目標の30〜50%減量するのが適正です。

肥満ネコを救えるのは飼い主だけ。運動とカロリーコントロールで解決を。

ヘアボール対策

胃にたまった毛玉を上手に吐かせる。先のとがった草が効果的。

　ネコは舌を使って毛づくろいをしますが、そのときに自分の体毛をかなり飲み込んでいます。これが胃にたまると吐き出します。のらネコがときどき雑草を食べるのは、胃の運動を活発にして、毛玉（ヘアボール）を上手に吐き出すため。室内飼いの猫の場合は雑草が身近にないので、かわりの草が必要です。イネ科の植物など先のとがった葉が効果的。

　ヘアボールがたまりすぎると、毛球症という病気に。よく観察し、吐かないようなら毛玉除去用サプリメントなども使ってみましょう。

胃にたまった毛玉を吐くためにネコは草を食べます。

POINT! 市販のネコ草がおすすめ

　一般にネコ草として売られている葉先のツンツンした草は、エン麦《バク》というイネ科植物。食べやすく、毛玉除去効果大。ペットショップや花屋で購入できます。

種をまき、水をやり約10日ででき上がり。

浅く重く、底がなめらかな縁ありタイプの食器を

動かず、なめやすいから食べやすい

　ネコは口だけで食事をします。手で押さえたりできないので、食器は勢いよく食べてもびくともしない程度の重さが必要です。全部きれいに食べさせるためには、舌で食べものをすくいやすいことも大切。浅く、底がなめらかで少し縁のあるタイプがいいでしょう。

　こぼしやすいので、小さな食器に無理に盛らず、少し余裕のある大きさを選びます。

食器はデザインより使いやすさがポイント。

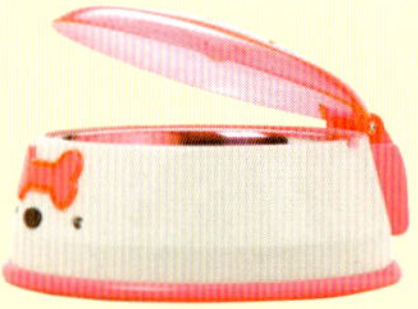

⬆ネコが近づくとふたが開き、離れると閉じる食器も登場（ドギーマンハヤシ）。

ネコが食べてもよい食材

火をとおした魚

干物はゆでて塩分を抜き、骨はきれいに抜く。

かつお節

食欲をそそる香り。おやつにしたりエサにふりかけたりする。

無塩煮干し

カルシウム豊富、虫歯予防効果も。大きいものは割って。

火をとおした肉

タンパク質が豊富。レバーはタウリンが多い。小さく刻んで。

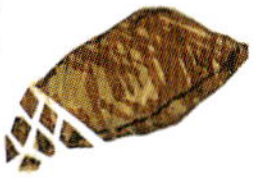

鶏のササミ

カロリーが低め。ゆでて小さく切ってからあたえる。

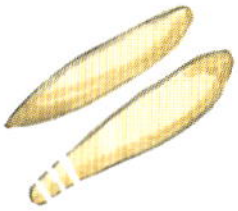

卵黄

子ネコ、老ネコでも安心のタンパク・脂肪・ビタミン源。

味付けでないのり

新鮮なものをエサにかけて食欲増進。

ごはん・麺

魚などを食べさせるときに、少しだけ混ぜてもOK。

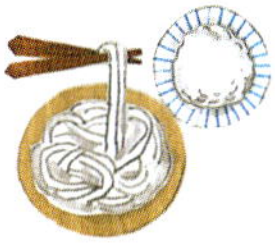

ネコ用ミルク

成長に必要な栄養素を含む。老ネコの栄養補給にも。

ネコが食べると危険な食材

ネギ・タマネギ

ネコの赤血球を壊す成分を含有。貧血から死に至ることも。

鶏や魚の大きな骨

鶏の骨は割れ口が鋭利。のどや消化管に刺さる危険性大。

生の豚肉

消化不良の原因。トキソプラズマという寄生虫感染の恐れも。

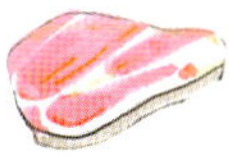

生のイカ・タコ

消化が悪く、胃の中で約10倍に膨張して胃拡張の原因に。

アワビ・サザエ

激しい皮膚炎の原因。

塩分の多いもの

胃の粘膜を痛める。心臓、腎臓に負担がかかり短命に。

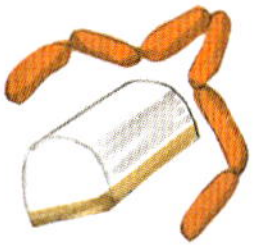

香辛料

香りが強すぎ嗅覚をマヒさせる。胃腸への刺激も大。

甘いもの

心臓病や虫歯のもと。チョコレートには中毒の危険性も。

人間用の牛乳

下痢をする場合あり。子ネコより成ネコに特に注意。

キャットフード

バリエーションが豊富だから健康状態や好みに合わせてチョイスを。

ドライフードも賞味期限のチェックを怠らずに。

キャットフードにはドライとウエットの2タイプがありますが、ドライは必要な栄養素をバランスよく摂取できる総合栄養食であるのに対して、ウエットには総合栄養食とそうでないものとがあります。また、毛玉ケア用やダイエット用など、問題を抱えたネコに対応する製品も多数あるので、ネコの状態に合わせて使い分けるとよいでしょう。

最近では、魚や動物の形をした見た目も楽しいドライや、チーズや野菜がトッピングされたウエットなど、ネコも飼い主も食事が待ち遠しいフードがラインアップしています。

賞味期限をチェック！

❶賞味期限　❷❸工場の認識番号　この場合2005年4月26日が賞味期限。
＊商品により異なる場合があります。

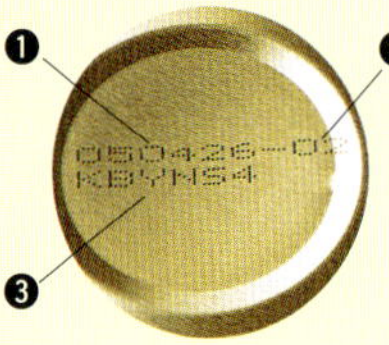

ドライフード

ネコ用食品として理想に近いのがこのドライ。歯周病の予防にもおすすめ。

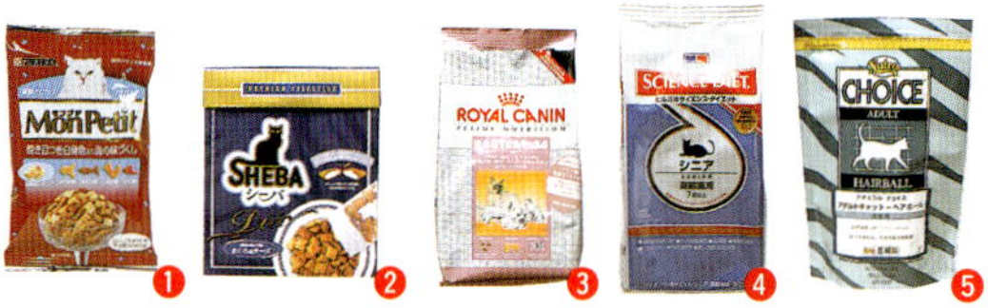

①成長期・成ネコ用
味や形がバラエティに富み、ネコに飽きさせない総合栄養食。

②成長期・成ネコ用
味のみならず触感のよさも追求した楽しい総合栄養食。

③子ネコ用
成長著しい子ネコに必要な栄養素が配合された総合栄養食。

④高齢ネコ用
高齢ネコ用にカロリーや栄養素が調整された総合栄養食。

⑤毛玉ケア用
飲み込んだ抜け毛を便とともに排泄しやすくした総合栄養食。

時間がたつと風味を損なうので、たくさん出さない。

POINT! ドライフードにはたっぷりの水を

ドライフードは理想的な栄養食ですが、水分がほとんど入っておらず、多量の水を補給しないと尿路結石の要因になることも。

ウエットフード

老ネコや子ネコに好まれるウエット。1度で食べきれるサイズを選ぶ。

①成長期・成ネコ用
歯応えが楽しめる角煮タイプなどもある総合栄養食。

②全ネコ用
魚のほぐし身をパッケージした副食。ドライといっしょに。

③子ネコ用
卵や野菜も入った子ネコ用の総合栄養食。

④高齢ネコ用
老化が始まったネコ用の消化吸収のよい総合栄養食。

⑤健康機能食品
尿路疾患に配慮したフード。たりない栄養素はドライで補給。

おやつ

しつけやごほうび、栄養補給としてあたえるおやつ。主食にはなりません。

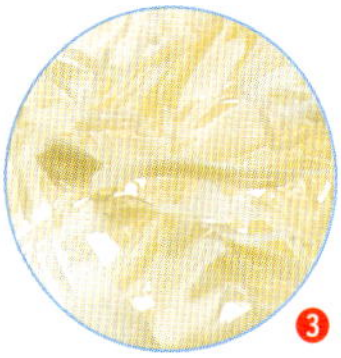

①チーズタイプ
塩分控えめのペット用チーズ。カルシウムの補給にも。

②干し魚タイプ
キビナゴや煮干しは頭から丸ごと1匹食べられるのが魅力。

③乾燥魚貝タイプ
乾燥かまぼことホタテを薄くスライス。食べやすくおいしい。

④半生タイプ
しっとりジューシーなお団子形おやつ。緑茶消臭成分も配合。

⑤クッキータイプ
DHA、EPA、アガリクスが配合された煮干しクッキー。

ミルク・離乳食

ミルクは人肌に温めてあたえます。生後3週を過ぎたら離乳食に移行。

栄養補助剤

虚弱体質、妊娠・授乳期などには、栄養素を補うサプリメントが便利。

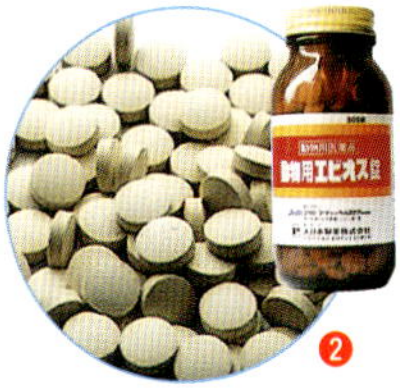

①子ネコ用ミルク
母乳と同等の栄養バランスで、子ネコを健康に育てる。

②離乳食
離乳期に適した、消化吸収のよいペースト状の総合栄養食。

①カルシウム剤
カルシウムを手軽に摂取。顆粒状なので、エサに混ぜて使用します。

②ビール酵母剤
栄養豊富なビール酵母は、栄養補給と整腸に効果大。

LESSON 4 トイレとにおい対策

ネコは清潔なトイレが大好き

室内ネコにとってトイレは食べ物と同じくらい大切。落ち着いて排泄できる快適な"個室"をつくって！

住まいに合わせて選ぶ

大きさ、見た目、掃除のしやすさ――絶対必要な条件をそなえたトイレを。

トイレには箱タイプ、フードタイプ、すのこタイプなど、さまざまな種類があります。あとあと使いにくくならないよう、買う前に置く場所、ウンチやオシッコの処分方法、掃除の仕方などを考えます。

高さや幅は何㎝までOKか、においを我慢できるか、ペットの排泄物をゴミとして処理したいかトイレに流したいか、などがチェックポイント。自分にとって重要な条件をクリアしている商品を選びましょう。

固まるタイプは掃除も楽。

砂の3タイプ

鉱物 飛び散りにくく再利用可。重いのが難点

重みがあり飛び散りにくいが、持ち運びに力がいる。固まらないタイプなら洗って再利用し、数回で取り替える。

紙 散らかりやすいが、トイレに流せる場合も

固まらないタイプは水洗トイレに流せる場合も。固まるタイプは燃えるゴミ。軽く扱いやすい分、飛び散りやすい。

木材 軽く、散らばる。再利用可の商品あり

特徴は紙製と同様。固まるタイプは燃えるゴミ、固まらないタイプは洗って再利用し、数回で取り換える。

トイレの種類

ただの箱から屋根つき、清掃機能つき、シンプル、ゴージャスなどさまざま。

ネコが快適に排泄でき、飼い主が簡単に掃除できれば、トイレとしては合格でしょう。箱に新聞紙を敷いただけでも、使いやすければOK。市販のネコ用トイレには、砂の飛び散りやにおい対策として屋根（フード）のついたものや、全自動で掃除ができる便利なものなどもあります。

ウンチやオシッコは健康管理のために要チェック。

トイレの3タイプ

箱タイプ	**シンプルな入れものタイプ。固まる砂向き** 長方形の箱に砂を入れるだけ。箱の一角にスコップがセットされたものが多い。固まる砂を用い、ネコが使ったらスコップで取って捨てる。狭い場所でも使え、洗うのも楽。
フードタイプ	**砂の飛び散り、においの広がりをカット** 箱の上に出入り口の穴が開いたフードがついている。ドアつき、ドアなし、消臭機能つきなどがある。周りが汚れにくく、においも抑えられるので、部屋に置きたい場合に便利。
すのこタイプ	**オシッコが下にたまる。砂は好みでOK** 箱の上にのったすのこに砂を置いて使う。オシッコはすのこの下に落ちるのでたまったら捨てて箱を洗う。ウンチはすくって捨てる。洗って再利用できる砂を使うと経済的。

トイレグッズ

●箱タイプのトイレ

掃除のしやすい箱型トイレ。Ⓐ

●すのこタイプのトイレ

汚物を処理しやすいすのこタイプ。Ⓑ

●フードタイプのトイレ

砂が飛び散りにくく、においを抑えます。Ⓒ

●自動トイレ

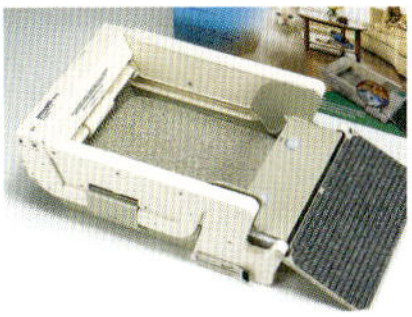

トイレがすんだら自動的に処理。Ⓓ

●砂落としマット

ネコの四肢についた砂が落とせます。Ⓑ

●スコップ

砂を落として汚物を処理。Ⓑ

●トイレ用の砂

固まったり、消臭作用のあるタイプも。Ⓐ

●消臭剤

リビングなどに置いておく場合は必要。Ⓐ

Ⓐボンビアルコン Ⓑアイリスオーヤマ Ⓒ東京ペット Ⓓ高橋物商

砂が飛び散りやすいときは、鉱物砂を使うなど工夫を。

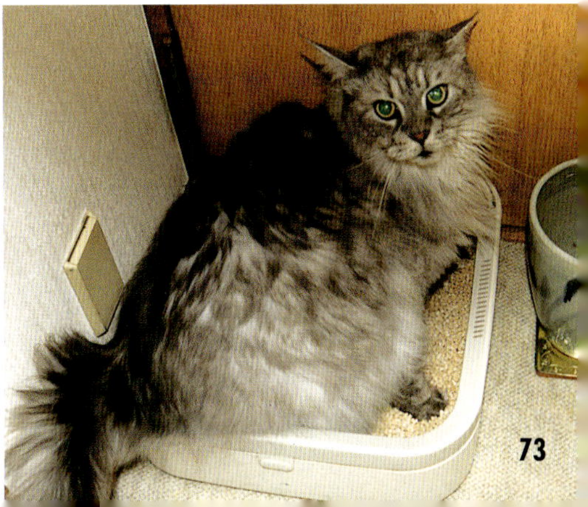

トイレの簡単マスター

サインを見たらトイレへ、うまくできたらほめる、を繰り返し教える。

飼い始めた子ネコにトイレをおぼえさせるには、まず、トイレの位置を決めたら動かさないことが大切。トイレに適しているのは、静かで落ち着ける場所です。部屋をウロウロ、床をクンクンするといったトイレサインを見たら、さっとトイレに入れてあげます。

うまくできたらおおげさにほめて、失敗しても叱らないのが基本。これを繰り返すのが、子ネコのトイレットトレーニングです。

排泄物はすぐに片づけます。ネコは清潔好きなので、汚れたままのトイレやにおいのこもったトイレは使いません。いつもきれいなトイレなら、ネコは気に入って使います。

子ネコは入り口が高すぎると入りにくいので注意。

CHECK! **水洗トイレはおぼえられる？**

おぼえられるネコもいます。ザルに砂を入れたネコ用トイレを便器の中に置いて使わせ、慣れたら砂、ザルの順に取りのぞく。それで水洗トイレを使えれば合格！

ネコがトイレをおぼえるまで

1　ネコ用トイレを静かな場所にセットする

部屋の隅、洗面所、人間用トイレの中など静かな場所にネコ用トイレを置きます。場所を決めたら動かさないこと。

2　トイレに砂を敷く。においつきの砂も！

引っ越してくる前から使っていたのと同種類の砂に、ネコのオシッコが少しついた砂を混ぜ、トイレに敷きます。

3　サインを見つけたらすぐトイレへ

ネコのトイレサインを見つけたら、そっと抱いて、素早くトイレに入れてあげます。食後は特にサインに注意。

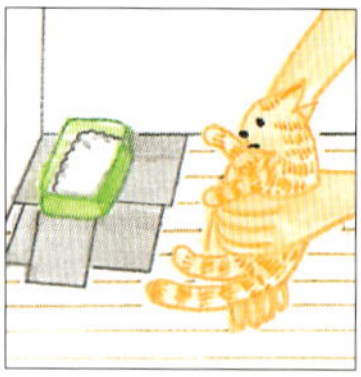

4　音をたてず、動かず、静かに見守る

ネコがトイレを使っているときは、飼い主はだまって、あまり動かずにいます。ネコが用をたすのを待ちましょう。

5　うまくできたらなでてあげる

子ネコが上手にウンチやオシッコができたら、「よくできたね」などといいながら、体をなでてほめてあげます。

6　排泄物はすぐに片づける

ネコがトイレを使ったら、すかさず片づけ。いつもトイレを清潔に保つことがネコにトイレを使わせるポイントです。

トイレ掃除

まめな掃除で汚れやにおいを残さない。予備トイレがあると便利。

ネコのトイレをきれいに保ち、においを最低限に抑えるには、とにかく、ネコがトイレを使ったらすぐに掃除をすることです。

最初にトイレをセットするときに、トイレの下に新聞紙やビニールシートなどを置いておくと、飛び散った砂を片づけるのが簡単。また、小さなほうき＆ちり取りを使うことも。

たまには砂を全部取り換えて、トイレを丸ごと洗います。洗っている間に使う予備として、別のトイレを用意しておくと便利です。

粗相をしたら、繰り返さないよう入念に掃除を。

POINT！ 消臭対策はこれでOK！

換気＋掃除＋消臭剤のトリプル効果

ネコのにおい問題のほとんどはトイレの悪臭。マメな換気と掃除を心がければ、においはかなり抑えられます。そのうえで消臭グッズなどを使うとより効果的。市販の消臭剤でもいいし、木炭や竹炭などをネコ用トイレの周囲に置くのもおすすめです。ネコはときどき自分のウンチを踏んでしまい、その足で部屋を歩きまわることがあるので注意。汚れた足は、すぐにふいてあげましょう。

まめな換気も、消臭対策としては効果が大きい。

掃除の手順

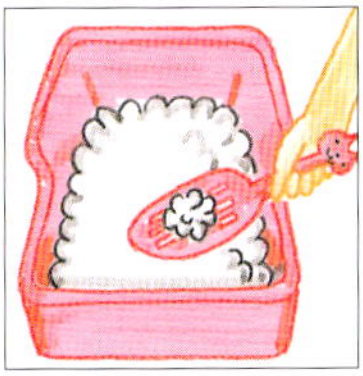

1　ウンチやオシッコをスコップですくう

ネコがトイレを使ったらすぐ、ウンチまたはオシッコがかかった部分をスコップで取りのぞきます。

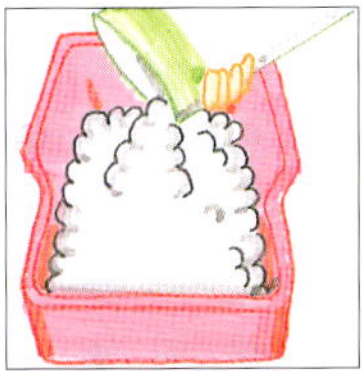

2　捨てた分の砂をたし、表面を整える

1で捨てた分、砂をたします。砂の一部が盛り上がったりしないよう、表面を軽くならしておきましょう。

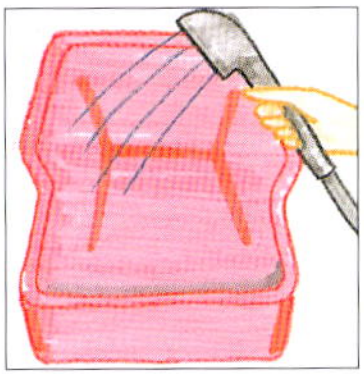

3　トイレまわりの掃除、トイレの洗浄

週に1回くらいはトイレを丸ごと洗います。すのこタイプのものは頻繁に水洗いを。トイレの周囲もまめに掃除を。

砂落としマットを使えば、掃除の負担も小さくなります。

LESSON 5 ツメとぎ

ツメとぎでネコのストレス解消を

**鋭いツメは狩猟動物の証。
ネコが気に入るツメとぎ場所をつくって、
思う存分とがせてあげましょう。**

ツメとぎをする理由

ツメはネコの生活に欠かせない"道具"。ツメとぎはネコの本能。

ネコは、高いところへ上るとき、おもちゃや食べものを押さえるとき、そしてほかのネコとじゃれたりけんかをしたりするときなど、ツメを上手に使って日常生活を営んでいます。

もともと狩猟動物だったネコは、狩りをするときにもツメを最大の武器として使っていました。そんなネコにとって、ツメとぎは本能であり、必要不可欠な生活習慣なのです。

ツメとぎのしつけは生後2カ月くらいから始めます。

前肢はツメとぎをすることで古いツメ（サヤ）がはがれ、新しい鋭いツメが出てきます。後肢のサヤは自然にはがれ落ち、生え替わります。

ツメが伸びすぎて指に食い込むことを防いでくれる。ストレス解消にも。

もしツメとぎをしなかったら、鋭いツメはネコの小さな指に食い込んでしまい危険です。ツメとぎをやめさせたい、などと願うのは見当違い。おたがいに快適に暮らすためにも、ネコが気に入るツメとぎ場所をつくってあげるのが飼い主としての仕事です。

最近はツメの除去手術を行う動物病院もあるようですが、ツメを取ったネコは元気がなくなり、ストレスもたまりやすいといわれています。それに、ネコはツメがなくなってもツメとぎ行動はやめません。

ツメとぎ用品をあたえる

ネコが好きなツメとぎ器を選び、古くなったら早めに買い替えを。

市販のツメとぎ用品にはダンボール製、麻ひも製、コルク製などがあります。選ぶ基準はずばり「ネコが気に入るかどうか」。購入したら、ネコが一番ツメとぎをしたがる場所に設置。慣れるまでは複数置くのも手です。

ツメとぎ器が古くなり、ツメがひっかかりにくくなったら早めに買い替えてあげます。

ネコはやわらかくツメがひっかかりやすい素材が好き。

ツメとぎグッズ

●ダンボールタイプ

安価で手軽。くずが飛び散るので注意。Ⓐ

●マットタイプ

薄くてじょうぶ。くずが出ず、掃除が楽。Ⓐ

●ハウスタイプ

組立式。ダンボール製でもくずが飛びません。Ⓐ

●トールタイプ

立った姿勢でのツメとぎが好きなネコに。Ⓑ

Ⓐボンビアルコン Ⓑドギーマンハヤシ

手づくりツメとぎ

ダンボールや布、ひもがあれば簡単。リサイクルもできて一石二鳥。

ツメとぎ器は、ネコのツメがほどよくひっかかり、ネコが気に入るならなんでもOK。ダンボールや古いカーペット、布などをリサイクルした手づくり品でも十分です。同じ大きさに切ったダンボールを束ねたり（下記参照）、板に布を巻いたりして簡単につくれます。時間のあるときにまとめてつくっておくと便利。

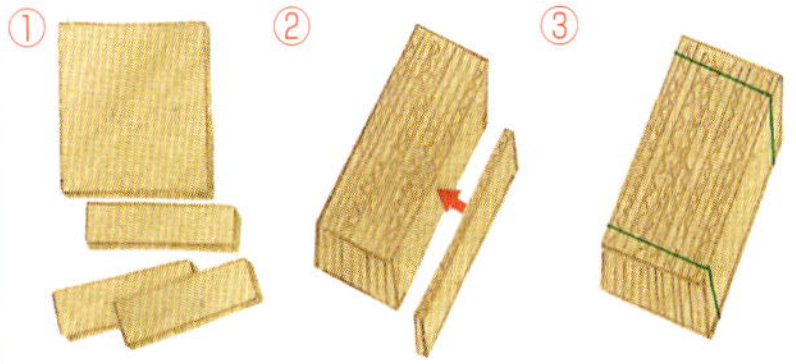

①ダンボールを15cm程度の幅にたくさん切る。②①を接着剤で張り合わせる。③ひもで固定する。

POINT! 家具をツメとぎがわりにさせない

①布や鏡でガード

壁は大きめのダンボールで、柱は古いカーペットで、部屋の隅には鏡を立てかけて……というように、ツメとぎをされて困るものにはガードをしておきましょう。

②マタタビの香りを利用

ネコはマタタビの香りがするものが大好き。マタタビ入りツメとぎを使ったり、ツメとぎ場にマタタビの香りをつけておけば、ほかの場所でとぐことが減ります。

③家具にツメを立てたら叱る

いろいろ工夫しても家具や柱にツメを立てることはあります。そんなときはコラッと強い調子で叱って。ツメとぎで上手にとげたときはいつもほめてあげます。

LESSON 6 遊び・おもちゃ

ネコと楽しく遊ぶ

運動やストレスの解消、そして、生きるための訓練でもある遊び。しなやかな体もキラキラした目も、遊びを通して養われます。

遊びながら学ぶ

子ネコの生活は遊び中心。他者とのかかわり方も遊びが教えてくれる。

子ネコはなんにでも興味を持ちじゃれて遊びます。これは本能に基づいたもの。楽しくジャンプしたり、追いかけっこをしたりしながら筋力を養い、ものをつかんだり噛みついたりしながら、歯やツメの使い方を学びます。

遊びは心の成長のためにも欠かせません。ほかの子ネコと遊びながらネコ社会のルールを学び、コミュニケーション能力を身につけていきます。よく遊ぶネコは好奇心旺盛に育ちます。

手先が器用なネコ。これも遊びのたまもの。

ネコの成長別好きな遊び

3週	兄弟でじゃれたり、追いかけたり。
4週	壁によじ登る。木登りの練習も。
5週	影や光に飛びつき、キャッチ。
7週	思いきりジャンプ、かくれんぼ。
8週～	全身を使って激しく遊ぶ。

室内飼いのネコに遊びを教えるのは飼い主。アイデアでなんでも遊びに。

幼いうちに親兄弟と離れ、室内で暮らすようになったネコは、刺激が少なく、狩りの機会も皆無。放っておくと物事に無関心で、あまり動かないネコになってしまうこともあります。

そうならないためには、飼い主が毎日いっしょに遊ぶこと。その気になれば、紙くずやひもの切れ端だっておもちゃになります。ネコと楽しい遊びを見つけましょう。

ネコ同士で遊ぶ

追いかけっこから レスリングまで。蹴る、嚙むなどの加減を会得。

子ネコが兄弟で遊び始めるのは生後3週くらいから。背中を丸めたり、あおむけになったりしてじゃれながら、四肢の使い方を覚えていきます。追いかけっこも大好き。成長にしたがってじゃれ合いは激しくなり、キックやパンチもするようになります。ボールなどひとつのおもちゃを、兄弟みんなで追いかけまわして遊んだりもできます。

嚙むと痛い？ 相手のつかみ方は？ などを実習中。

子ネコにとって遊ぶことは、生きること！

なんにでも興味が。ルールを学ぶのも遊びから。

ネコ同士のふれ合いの中で、しっぽや毛、四肢などを使った感情表現も学びます。顔の表情も豊かになっていきます。

おもちゃで遊ぶ

追わずにはいられない！ネコは生きものチックなおもちゃが大好き。

ネコのおもちゃにはいろいろあります。ネコじゃらしをはじめ、鈴の入ったボール、つかみやすい大きさのぬいぐるみ、ぜんまいで動く動物など、さまざまなものがペットショップなどで市販されています。ネコがひとりで遊べるものもあれば、飼い主といっしょに遊ぶためのおもちゃも。

新しいおもちゃは、形やにおいも気になります。

ネコは遊びながら狩りを学ぶので、おもちゃは獲物がわり。だから生きもののような動きを見ると、追いかけずにはいられません。

ネコは賢く吸収力抜群。高度な遊びもこのとおり。

これなあに？ と手を伸ばしながら筋力養成。

おもちゃは形も色も機能もさまざま。何種類かあれば、遊び方に変化がつけられます。

たくさんのものの山から、ほどよい大きさ・形を見つけるのも得意。

部屋にあるもので遊ぶ

ネコは遊びの天才。形あるものはなんだっておもちゃにできる。

お気に入りのバッグやくつをボロボロにされたり、高価な家具をキズつけられたり。ネコを飼っていると、その行動に悩まされることもあります。でも、ネコにしてみればいたずらではなくただの遊び。どんなものでもおもちゃにできるネコは、遊びの天才なのです。

ネコが入る部屋には、なるべくおもちゃにしていいもの、危険でないものを置き、自由に遊ばせてあげましょう。

古いざるもおもちゃ。ツメがひっかかって気持ちいい。

CHECK!

ネコは動くおもちゃが大好き

狩猟動物であるネコ。動くものを見ると狩りの本能に火がつきます。しっぽがネコじゃらし風に動くこのおもちゃも、ネコの興味をそそります。

空き缶や空き箱はトンネル遊びにぴったり。

➡うさぎの形に興味津々。思わずつかんでみたくなる。

お気に入りの場所で

ネコの遊びはイヌの散歩のようなもの。お気に入りのコースが。

　ネコが部屋の中で上下運動をしたり、ものにじゃれたりするのは、イヌでいえば散歩のようなもの。いわば毎日の日課ですから、それぞれにお気に入りのやり方があります。棚の上、居間のソファ、たんすの下、ゴミ箱の中など、ネコは自分で好きな場所を見つけて、好きな遊びをするのです。その様子を観察できるのも飼い主の特権です。

CHECK!

ネコにとってもテレビは娯楽？

　ネコがテレビを見ている？　よく見ると画面には野鳥。ネコは鳥をつかもうと必死。景色を眺めたり、動くものを追いかけて本能を満たすとされるネコ。それをテレビに求めることがあるのかも。

戸棚、キャビネット
棚板にうまく足をひっかけながら上り下り。

アスレチック
上ったりひっかいたり。仲間がいれば楽しさ倍増。

ひんやりしたふろ場なども大好き。落ちたら大変。

こたつの中、暗い所
暗くて狭い所にもぐったり出たり。身を隠して外の観察も。

ドアや家具のすき間
すき間にはまるのが快感。かくれんぼにも最適。

ネコはこんな場所で遊ぶのが好き

ドアの上・梁《はり》・高い棚の上など、下を見下ろせる場所

クローゼット・段ボール箱の中など、暗くて狭い場所

カーテンや風鈴、テレビ画像など、動くもののある場所

階段・並べられた机やたんすなど、高低差のある場所

窓、網戸

景色を眺めたり、そよ風を感じていい気分。ときには網戸クライミングも。

高い所

ネコは基本的に高みの見物が好き。楽しいし安心。

ネコが好きな遊びベスト8

1 動くものを追って本能を満たす。

2 小さな入れものにもぐると安心。

3 狭い場所をすり抜けるのは快感。

4 高い所から下を見下ろす。

5 ガサガサ音がするものに興味津々。

6 家具から家具へ上下に移動。

7 柱や壁でクライミング。

8 景色を眺めてストレス解消。

紙袋の中

ガサガサガサ…。紙は音の出るおもちゃ。

中庭・バルコニー

植木鉢の間に隠れたり、跳び越えたり。

梁の上

←ウオーキングや見物にぴったり。高くて狭いところを歩くのは快感。

若いネコなら小さな子どもとも友達になれます。

飼い主と遊ぶ

ネコとの遊びを飼い主の日課に。スキンシップとエクササイズを兼ねて。

ネコは遊びをとおしていろいろなことを学びます。これは飼い主との関係も同じ。いっしょに遊びながら相手を理解していきます。忙しい中でもネコと遊ぶ時間を大切に。できれば1日30分以上、たっぷり遊びましょう。

ネコを遊ばせるというより、自分も楽しむつもりで遊ぶのがコツ。家事やエクササイズと遊びをミックスすることも可能です。

痛くない噛み方、つかみ方で飼い主の足もおもちゃに。

ネコも飼い主も楽しい遊び

飼い主が懐中電灯を動かし、ネコが光を追う。

エクササイズする飼い主の足におもちゃを。

ひもつきのおもちゃを隠したり出したり。

スリッパにおもちゃをつけて家事。

POINT！ 上手にネコを抱っこする

ネコは温かくて柔らかいものに包まれるのが大好き。だから人間に抱っこされるのも好きです。抱くときは両腕と胸で包み込むような感じで。片手でおしりと後肢を支え、もう片方の手で前肢を持ちます。指の間にネコの後肢をはさむようにすると固定しやすくなります。抱っこをいやがるときは無理につかまえないこと。

ネコが飼い主の体に乗って遊ぶのは信頼関係の証。

ネコじゃらしで遊ぶ

床や壁をはわせる、素早く動かす、止めては動かすを繰り返す。

おもちゃの定番、ネコじゃらし。棒の先に羽がついたもの、棒の先にひも、その先にもじゃもじゃがついたもの、ねずみの形のネコじゃらしなどさまざま。動かし方を工夫すれば、いろいろな動きをさせることができます。

たとえば床をスルスルとはわせれば、ネコは狙いを定めて前肢で、ぱっとネコじゃらしをつかみます。壁をはわせればよじ登って追いかけます。ジャンプさせるには、床につけたネコじゃらしを素早く高く上げます。ときどきぴたっと止めてまた動かすのがコツ。

ネコじゃらしに飛びかかるときの動きは狩猟そのもの。

生きものの動きをまねして動かしてみましょう。

ネコじゃらしのいろいろ。好みや気分で使い分けて。

ネコの一瞬の表情を逃さない ワンポイントカメラ術

ピントは目。個性にこだわれ！

とにかくピンぼけしないことが大事。オートフォーカスカメラを用意し、シャッタースピードは1/250～1/1000に。設定できなければISO400以上の高感度フィルムを使用。ピント合わせのポイントは目。ほかの部分が多少ぶれても、目がシャープならOKです。

お気に入りのポーズにこだわって、とことん撮るのがおすすめ。かわいい顔、気品ある姿だけでなく、ふてぶてしい表情、素早い動きの中の一瞬を激写します。一番よく撮れる角度を研究し、素敵な写真を残しましょう。

アングルひとつでネコの表情がぐっと魅力的に。

撮影後のごほうびがカメラ好きにさせるコツ。

チャンスを逃さないためカメラは常に手元に。

ストロボは目の正面を避けて、赤目を防止。

LESSON 7

快適アイテム

心地よいベッドやサークルを用意

遊びの時間やくつろぎのひとときを過ごす部屋。快眠のためのベッドまわりを素敵に演出するグッズをそろえたい。

ベッド

ネコ専用ベッドが理想。ふかふかしてあったかい素材がネコのお気に入り。

ネコは睡眠大好き動物。1日の3分の2を眠って過ごします（P.56参照）から、ベッドまわりが快適かどうかは、ネコの一生を左右するほど大事な問題です。そのためにはベッドの素材、大きさ、置き場所などへの十分な配慮が必要です。

ネコが好む素材は、保温性の高いふわふわしたもの。清潔好きなので、洗濯したり干したりしやすい素材を選びます。大きさは、ネコが丸くなって寝られる程度が目安。周囲に縁取りや囲いがあると体をあずけやすく、安心のようです。飼い主のベッドでいっしょに寝るのではなく、ネコ専用ベッドを用意するのが理想。

ネコが丸くなって寝られるサイズがちょうどいい。

←ベッドは清潔に。タオルをシーツに使うと便利。

サークル・ケージ

**大きさ、機能とも
さまざまなタイプあり。
目的に合わせて選ぶ。**

ひと口にサークルやケージといっても、移動用のごく小さなものから、ベッドやトイレを入れられて段差のあるタイプまで、さまざまです。いつも部屋で自由にさせて飼うなら前者のようなタイプ、長時間ケージに入れておきたいなら後者がおすすめ。素材もいろいろなので、目的に合ったものを選びましょう。

小さなうちからケージに慣れさせておくと、ペットホテルに預けるときや来客の際に便利。

複数飼いの家の子ネコなどは、ケージ内のほうがのんびりできる場合も。

CHECK! **手作りのベッドもおすすめ**

ネコは人間のようにベッドの色やデザインは気にしません。ネコの寝床は、家にあるダンボール箱、脱衣かごなどに毛布などを入れた手づくりでもかまいません。要は、入りやすい高さと丸くなって寝られる広さがあればOKなのです。

ハウス

**ネコの生活は上下運動が
基本。アスレチック
タイプのハウスがグッド。**

ハウスは、ネコが上下運動をするという点を十分意識して選ぶことが大切。つまり、ネコのハウスにとって必要な条件は、広いことではなく、上下に移動できる工夫がしてあることなのです。1階がトイレ、2階、3階が居住スペースになった本格的なキャットハウスや、柱と段差のある棚がついたアスレチックタイプのハウスはこの条件にぴったり。

バリ島をイメージさせる籐《とう》製のハウスや洋風の真っ白なハウスなど、インテリアとして生かせるタイプも多種類市販されています。

ネコは穴のような狭い部屋が落ち着くようです。

柱がツメとぎになったアスレチックハウスも便利。

ウォーマー・ほか

保温、消臭、ダニ退治……。ネコとの快適な共存に役立つ便利なグッズたち。

ネコはコタツの中で眠るほど、暖かい場所が好き。冬にはプラスチック製やふとんタイプなど、そこに横になるだけで暖かいヒーターを用意してあげましょう。ペット専用コタツも市販されているし、レンジで温めるタイプのあんかはコードがないので便利です。逆に、夏の暑い時期にはクールマットなどがあると重宝します。

ふわふわのベッドは、まるでママに抱かれているようなここち。

日当たりがいいからウォーマーはいらない？

複数飼いの場合など、ネコのにおいが気になるときは、消臭器や空気清浄器を使います。除菌機能つきならさらにベター。急な来客のときなどは消臭スプレーも活躍します。

ダニ対策には、普段からダニ退治機能つきのホットカーペットを用いたり、ダニやノミの繁殖を防ぐ機器などを利用したりします。

ネコの快適グッズ

●シート型ベッド

柔らかなボアが眠りを誘う。Ⓐ

●家具調ベッド

インテリア性の高い木製ベッド。Ⓑ

●温かクッション

電子レンジで温め、長時間キープ。Ⓑ

●トンネル型クッション

通り抜けて遊べ、音も楽しい。Ⓒ

●フード型ベッド

気分で柄を替えられるリバーシブルタイプ。Ⓓ

●つめとぎつきタワー

のんびりくつろげるハウスのあるタワー。Ⓔ

●竹マット

通気性のよい畳で涼しく夏を過ごす。Ⓑ

●クールボード

ひんやり冷たいアルミシート。Ⓒ

Ⓐ東京ペットⒷドギーマンハヤシⒸマルカンⒹボンビアルコンⒺ高橋物商

Column 4

ネコの毛色の秘密 すべての色は黒と赤のバリエーション。

魅力的なネコの被毛には じつは黒と赤の色素しかない

微妙な色合いが美しいネコの被毛ですが、じつはネコの被毛には黒と赤の色素しかなくて、白をのぞくすべての色がその2色のバリエーションから成り立っています。色素が体毛に沈着する過程のあらゆる条件により、色素顆粒の形や並び方が変化して、さまざまな色が生まれるのです。こうしてできる色には、ブラック（黒）、セーブル（濃いブラウン）、チョコレート（濃い茶）、シナモン（赤茶）、フォーン（薄茶）、ブルー（ブルーグレー）、フロスト（薄いグレー）、レッド（黄赤茶）、クリーム（薄黄色）などがあります。ホワイト（白）は、黒の色素も赤の色素もない状態です。

被毛の色の仕組み

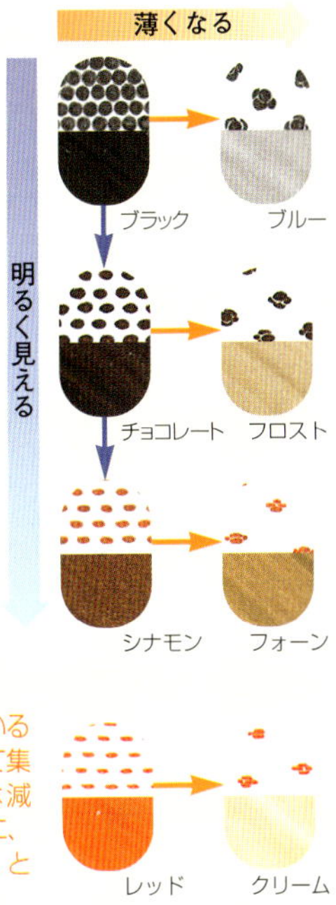

黒の色素は球体ですが、形成される速度が遅くなると細くなっていきます。これが私たちの目には、黒から茶系統の色（ブラウン）へ、さらに赤や黄色（シナモン）に見えるのです。

ばらばらに沈着している色素が遺伝子によって集まると、色素面積は減り、ブラックはブルーに、レッドはクリームに、と色は薄くなります。

1本の毛のグラデーションがおりなす 素敵なニュアンスヘア

色素は常に同じ速度で沈着されるとは限りません。アグーティ遺伝子が働くと、1本の毛に沈着される速度は速まったり（色は濃くなる）遅くなったり（色は薄くなる）して、これが繰り返されて色の帯が作られます。

また、毛の先にだけ濃く色がついているものがあります。これはティッピング遺伝子によるもので、毛の先端に色素を沈着させ、根本の色素形成は抑制されるのです。これは、毛先の色の量によって、3つに分類されます。

	**アグーティ** 毛先の色は濃く、根元にいくにつれ薄くなり、また濃くなって、を繰り返します。根元は最も薄い。
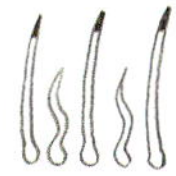	**チンチラ** 色素の濃いところが、毛全体の4分の1から3分の1を占めています。
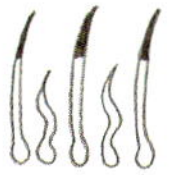	**シェーデッド** 色素の濃いところが、毛全体の3分の1から2分の1を占めています。
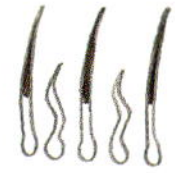	**スモーク** 色素の濃いところが、毛全体の2分の1から4分の3を占めています。

ネコはみんなタビー模様 それなら、白色の美ネコは？

ネコはみな、タビー（縞模様）の要素を持っています。タビーには、サバに似た模様のマッカレルタビー、脇腹の円形模様と肩のチョウ模様が特徴のクラシックタビーがあります。また、ヒョウのような模様は、スポッテッドタビーとよばれます。

純白のネコもタビーの要素を持ちますが、色素形成を中止させる優性白色遺伝子の働きで、色素が沈着されずに真っ白となるのです。

LESSON 8 ノミ対策と部屋掃除

突然かゆがったらノミのチェックを

ノミはネコの天敵。ひどくかゆいのはもちろん、犬条虫という寄生虫を媒介する恐怖の存在です。1匹でも見つけたらすぐに退治を！

ノミがつくわけは？

ネコの血を吸って生きる寄生虫。室内飼いでも安心できない。

ネコにつくノミはネコノミといって、ネコの皮膚から血を吸い、それを栄養にして生きる寄生虫です。草むらなどにいて、散歩中のネコなどが吐く二酸化炭素に反応して飛び移り、寄生します。外を出歩くネコのほとんどはノミ持ち。室内飼いのネコでも、動物病院などで外ネコと接触するだけでノミがうつる可能性があります。

ベランダなどで遊んでいてうつることも。

ノミが増える5～10月は特に注意が必要です。

ノミのライフサイクル

①卵

0.5mm程度の白いつぶ。2～5日で幼虫に。

②幼虫

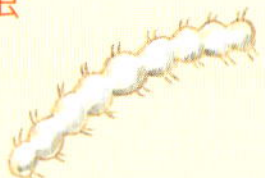

脱皮を繰り返し成長。7～10日でさなぎに。

④成虫

ネコの血を吸う。一生に2000個産卵する個体も。

③さなぎ

暖かい時期は2週間で成虫に。越冬することも。

ノミの見つけ方

小さな黒い粒はノミのフン。寝ていたのに突然かゆがったら、あやしい。

体毛をかき分けたときに黒い点々が見えたり、ネコのベッドに黒い粒が落ちていたりすることがあります。これはノミのフン。

また、寝ていたネコが突然起き上がり、体をかいたり噛んだりし始めたら、ノミがいる可能性大。

ノミは人間には寄生しませんが、皮膚につくことはあります。飼い主がかゆみを感じて、ノミの存在に気づくこともあります。

ノミは成虫でも体長3mm程度の小さな生きもの。

ノミを駆除する

1匹見つけたら即退治。ネコの体だけでなく部屋全体を徹底的に駆除。

ノミは、「1匹見たら100匹いる」ともいわれるほど繁殖力の高い虫。ノミ被害が家中に広がる前に、早めに駆除しましょう。

クシなどを使ってネコの体からノミを取るだけでなく、ノミ取りシャンプーでの洗浄も必須。さらに滴下式薬品、ノミ取り首輪などを利用するのも効果的。これらは刺激が強いので、獣医の指示のもとに使います。

ノミはネコの体から落ち部屋の中で繁殖します。卵やさなぎもすべて取りのぞくつもりで、部屋の隅々にまで掃除機をかけます。掃除機は毎日かけ、寒い時期も怠ってはダメ。

まめに毛をすき、ノミのチェックをしてあげましょう。

CHECK! ネコの首としっぽをチェック

ノミは舌が届きにくい首としっぽに集中して寄生します。まずは、このあたりからチェックすると見つけやすいでしょう。

ノミ駆除の方法

クシ		目の細かいノミ取りグシでネコの毛をすき、ノミがひっかかったら、クシごと洗剤液に浸して殺します。
シャンプー		薬用ノミ取りシャンプーを用います。頭から下に向かって洗っていき、ノミの成虫、さなぎ、卵を洗い流します。
薬		ノミ取り薬は飲み薬、スプレー、粉などが。滴下式薬品やノミ取り首輪も便利。獣医に相談して使います。

簡単掃除術

部屋をシンプルにして
掃除機をかけまくるのが
掃除の基本。

ノミの発生を防ぐためには、ちりやほこりなど小さなものまで、徹底的に掃除機で吸い取ってしまうのが一番。カーペットの裏や家具の裏などにも掃除機をかけ、徹底的にきれいにします。掃除機のフィルターはダニを通しにくいタイプにしておくと衛生的です。

家具の素材はほこりや毛のからみにくいものにし、最低限のものしか置かないようにします。部屋自体をシンプルにしておくと、断然、掃除がしやすくなります。

ぬいぐるみやカーペットも掃除機でよく吸いましょう。

換毛期には念入りに

飛び散った毛を残らず
掃除。ふとん、シーツ
は洗濯して天日干しを。

ネコの毛が生え換わる春と秋は、いつも以上に毛が飛び散ります。この時期の掃除は念入りに行う必要があります。ほこりや毛のふきだまりを作らないよう気をつけましょう。部屋の隅には細いノズルを入れ、細かいゴミや毛もすべて取りのぞくつもりでします。

ネコのふとんやシーツは洗って天日でよく干します。普段から掃除機を頻繁にかけておくと洗濯が楽です。

CHECK! ノミが発生していたら

吸い込み口に殺虫剤をスプレーして掃除機をかけます。掃除後は殺虫剤を吸い込ませ、掃除機のフィルターは洗剤液に浸します。ときどきノミ取り用の燻煙《くんえん》剤を使うとより効果的。ただ、燻煙剤は成虫に効き、さなぎや卵には効果が出にくいので、定期的に行うようにしましょう。

ノミを見つけても絶対つぶさないで。卵や寄生虫が飛び散って逆効果です。

⬅暖房のきいた部屋は冬でもノミが繁殖します。ネコがよく使う場所は特に注意。

粘着テープの活用

強力な粘着力を持つ掃除の必需品。抜け毛やノミ取りに大活躍。

どんなにグルーミングをしても、ネコの毛がまったく飛び散らなくなることはありません。床に落ちた毛がちょっと気になるときなどは粘着テープが重宝します。毛のついた部分にぺたぺたと押しつけると、おもしろいほどきれいに。また、カーペット用のローラークリーナーは面積もあり使いやすいのでおすすめ。いつでも手の届く場所に置いておきます。

子ネコはなんにでもじゃれるので毛の掃除も大変。

毛が気になったら粘着テープの出番。押しつけるだけでOKの便利もの。

POINT！ ネコを掃除機になれさせるコツ

多くのネコは掃除機が苦手。でも遠慮せずに使うことが大事です。掃除機を乱暴に扱ったり、ネコに押しつけたりするのは厳禁。毎日使いつづければ慣れます。

飼い主のベッドには、綿など毛のからまりにくい素材のカバーをかけておきましょう。

LESSON 9 グルーミング

ネコの健康に欠かせない安全な手入れ法

グルーミングとは体のお手入れ。
衛生的で美しくなるだけでなく、
皮膚病予防、血行促進など
ネコの健康管理の効果も抜群。

グルーミングでネコ快適

舌が届かない場所も
きれいに。飼い主との
ふれ合いもできる時間。

ネコは日ごろから、柔軟な体を上手に生かして自由自在に姿勢を変えながら、ざらざらした舌で毛づくろいをしています。でも、実はそれでも届かない場所があります。

首のまわりやしっぽのつけ根はその代表。特に長毛種はネコ自身の毛づくろいだけでは不十分です。かわりに飼い主がグルーミングをしてあげましょう。

グルーミングは目、歯、耳、ツメ、おしりなど部分ごとにていねいに行います。はじめはいやがるネコもいますが、慣れればとっても気持ちのいいもの。

グルーミングは飼い主とのスキンシップもできる、ネコにとっては幸せな時間です。

グルーミングのときは、体重の増減や腫瘍《しゅよう》の有無、皮膚の状態など健康チェックも忘れずに。

長毛種は体をなでるように頻繁にとかしてあげます。

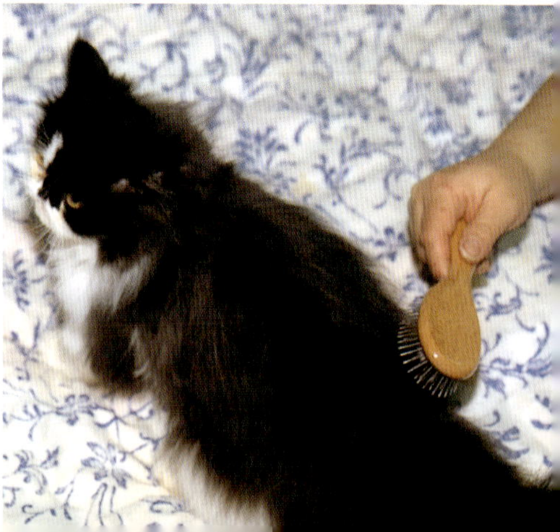

ブラッシングとコーミング

ブラシとクシで毛をとく。被毛の流れに沿って全身くまなくていねいに。

ブラシとクシ（コーム）を使った毛の手入れはグルーミングの基本。長毛種の場合は毎日、短毛種なら換毛期に集中して行います。

とかしやすい部分だけでなく、四肢のつけ根の内側やおしりのまわり、アゴの下まで全身を均等にとかすことがポイントです。

静電気が起きにくいブタ毛のブラシがおすすめ。

毛玉対策

指でもみ、クシやシームリッパーでほどく。とけないときはハサミで。

毛玉は汚れやノミがたまりやすく不衛生。毛玉がないかいつもチェックし、あったらこまめに取りのぞきます。むりにとかさず、指でもみクシ先でていねいにほぐして。ひどい毛玉は、ミシン目をほどくシームリッパー（手芸店などで購入）やハサミを使います。

クシでとけない大きな毛玉はハサミで小分けし、指でもんでクシでほぐします。

ブラッシングとコーミングの手順

まずは全身を軽くなでたり、毛をかき分けたりしながら、ケガや、皮膚の異常はないかなどを調べましょう。

1 顔

額、頬、アゴなど、顔は比較的毛の短い部分です。耳の後ろから始め、鼻先に向かう感じで軽くクシを入れます。

2 体

まず目の粗いクシ、つぎにブラシの順に全身をときます。たまに毛の流れと逆にとかすと抜け毛がよく取れます。

3 仕上げ

最後に目の細かいクシかブラシで被毛を整えます。毛の流れに沿って、つやを出すようなつもりで行います。

POINT！ ブラッシングに慣れさせるコツ

小さなうちから遊び感覚でブラシを使っていると、自然に慣れてくれます。子ネコがブラッシングをいやがるときは、首まわりなどネコがなでられてよろこぶ部分から軽くとかし始めます。慣れたら全身を行います。

ツメの手入れ

前肢は2週間、後肢は3～4週間ごとにカット。折れや割れを防ぐ。

ネコは頻繁にツメとぎをして、ツメを適度な長さに維持していますが、室内飼いネコの場合はそれではたりません。伸びすぎたツメは折れたり割れたりして危険です。

ネコの指に刺さり、傷口から雑菌が入って想像以上に重大化する可能性もあります。ネコと飼い主のたがいの安全のためにも、ネコのツメは定期的にカットしておきましょう。

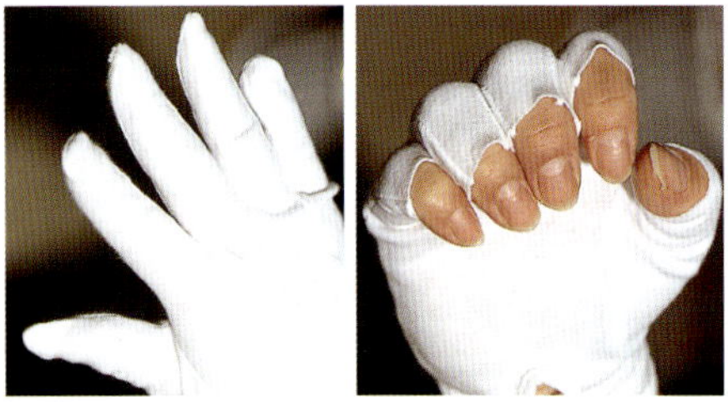

手袋で皮膚を保護。指先だけ切ると作業がしやすい。

POINT！ ツメ切りのコツ

ネコのツメは途中まで血管が通っています。深爪はネコにとっても痛くてつらいもの。くれぐれもツメの先の透きとおった部分だけを切りましょう。

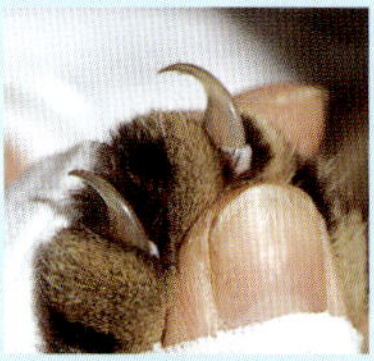

ツメの生え際を上下から押さえると、ツメがにゅっと出てきます。

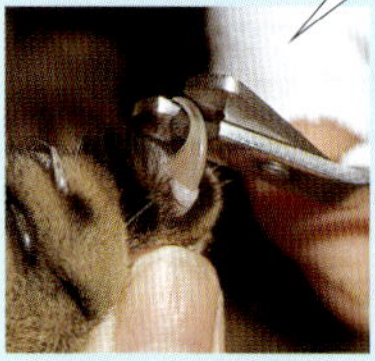

ネコ用ツメ切りで透きとおった部分（1～2㎜程度）をカット。

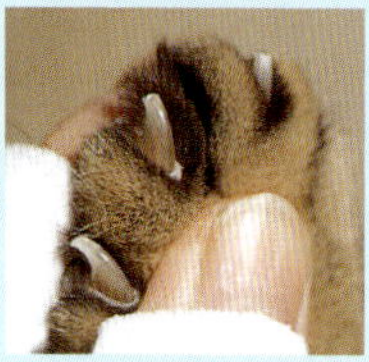

切ったあとはこんな感じ。針のようなツメ先がなくなり安全です。

目の手入れ

ぬるま湯に浸したガーゼなどで目のまわりを拭《ぬぐ》う。アイケアは毎日が基本。

ネコの目のまわりは、目ヤニや涙で汚れています。放っておくと、「涙やけ」といって目の周辺の毛が変色してしまうので、毎日欠かさずふきましょう。ガーゼ、脱脂綿、綿棒などに薄いホウ酸水（2%程度）、アイクリーナーなどをしみ込ませてふきます。

細かいところは綿棒で。ネコが動かないよう注意して。

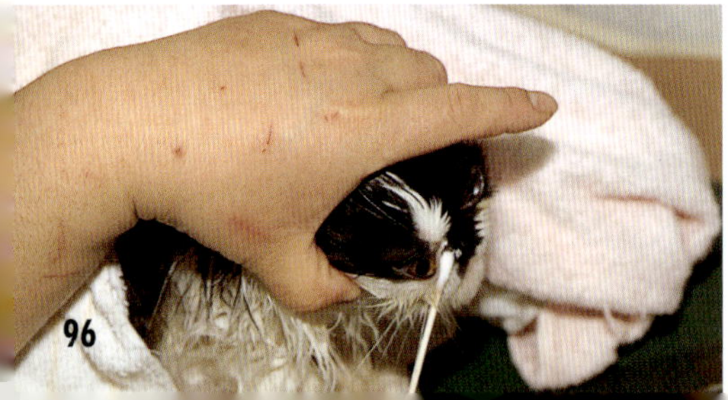

乾いた目ヤニは濡らしてやわらかくしてふきます。

目の手入れは、結膜炎など目の病気の予防にも大切。

耳の手入れ

1カ月に1～2回、外耳の汚れをふけばOK。耳の中は自然にまかせる。

ネコは、耳の中に入ったゴミは頭を振って外に出します。ただ、外耳（頭の上に出ている部分）の汚れは月に1～2回程度、綿棒などでふき取ってあげる必要があります。オリーブオイルやイヤークリームを使うと、汚れがよく落ちます。仕上げにイヤーパウダーを。

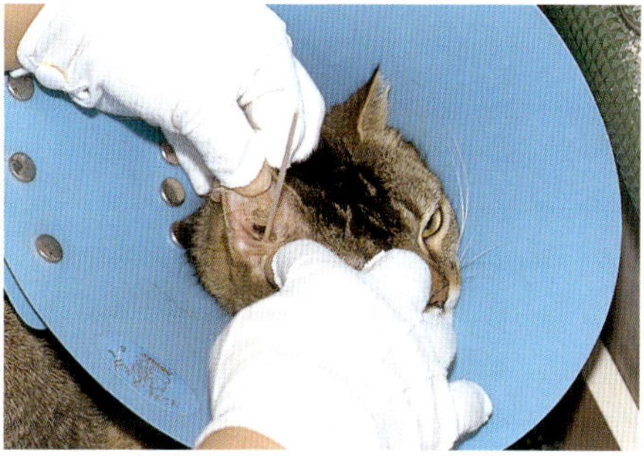

エリザベスカラーをつけると両手で耳掃除ができます。

子ネコはタオルでくるみ、やさしく声をかけながら。

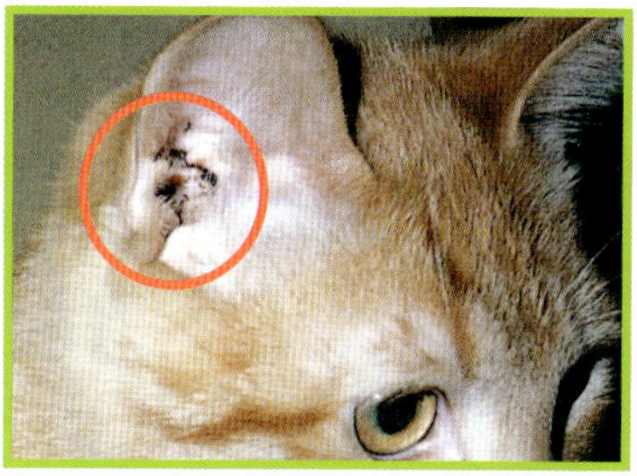

乾いた黒い汚れは耳ダニかもしれません（写真の赤線で囲んだ箇所）。見つけたら獣医に相談を。

歯の手入れ

小さいうちから習慣づけ。やわらかい食べものが好きなネコは念入りに。

歯肉炎や歯槽膿漏《しそうのうろう》で歯を失わないためにも、子ネコのうちから歯磨きを習慣にしましょう。月に2～3回、ネコ用歯ブラシで歯の生え際を中心に磨きます。ガーゼでふくだけでも効果あり。缶詰が主食のネコは、特に歯石がつきやすいので注意します。歯石が付着したら動物病院で除去を。

獣医による歯石除去は年に1～2回が目安。

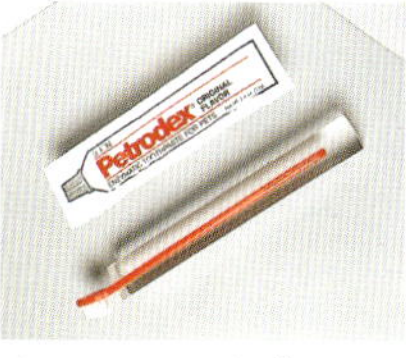

市販のネコ用歯ブラシ。

グルーミンググッズ

①ドライヤーとドライヤースタンド②ネコ用シャンプー③ネコ用リンス④イヤーパウダー⑤コンディショナー⑥セーム皮⑦エリザベスカラー⑧ノミ取りコーム⑨ネコ用ツメ切り⑩小型コーム⑪中型コーム⑫ネコ用スリッカー⑬ブラシ⑭ベビーパウダー⑮耳掃除液⑯綿棒⑰バスタオル2～3枚。毎日のブラッシングからシャンプーまで、ここまでそろえておけば万全。

短毛ネコのシャンプーの手順

病気予防のためにも シャンプーは大切。

子ネコの場合は特にシャワーの温度に気を配り、顔に水が直接かかったり耳に入ったりしないように、ていねいにやさしく行います。暴れることも考慮に入れ、シャンプー前にツメは切っておきます。

POINT !

1 ツメを切ってから、全身をブラッシング。

事前にツメを切っておく。ブラシでなでるようにブラッシング。ノミ取りコームを使うと下毛もよくとれる。

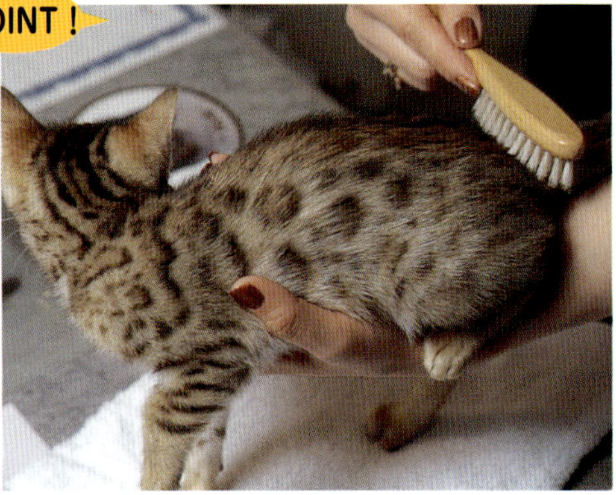

POINT !

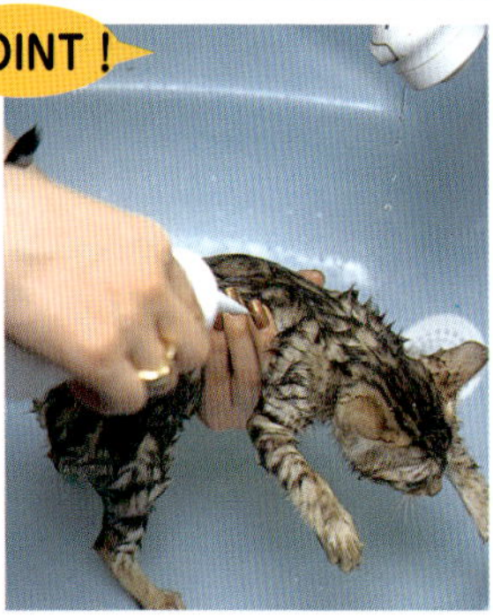

2 シャワーの温度は、37～38℃に調節

お湯の温度を、ネコの体温より1～2℃低い37～38℃に調節。

3 被毛にお湯をよくなじませる

毛の根元までよく濡らす。顔、頭は濡れた布で。耳に水を入れない。

4 背中から全身にかけてシャンプーをつける

シャンプーを薄めておくと、のびがよく手早く洗えるし、すすぎも楽。

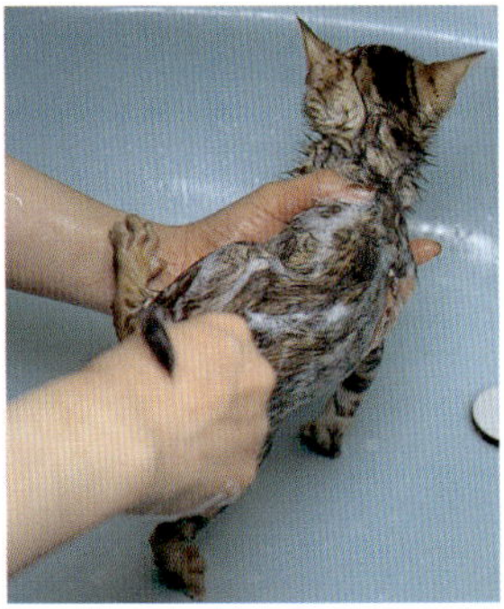

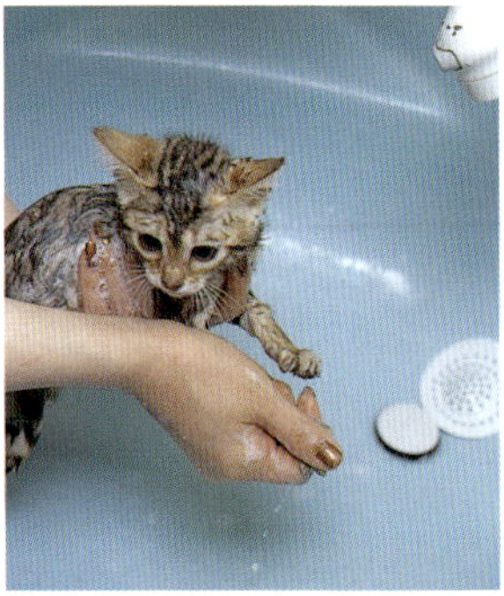

5 指の腹でやさしく洗う

ネコを押さえながら、指の腹でマッサージするように洗う。

6 おしりやしっぽのつけ根をよく洗浄

汚れやすいおしりや、脂っぽいしっぽのつけ根はしっかり洗浄する。

7 四肢先は手で包むように洗う

ネコの四肢先を手で包み、もむように洗う。指の間も忘れずに。

●講師／金子侑香里

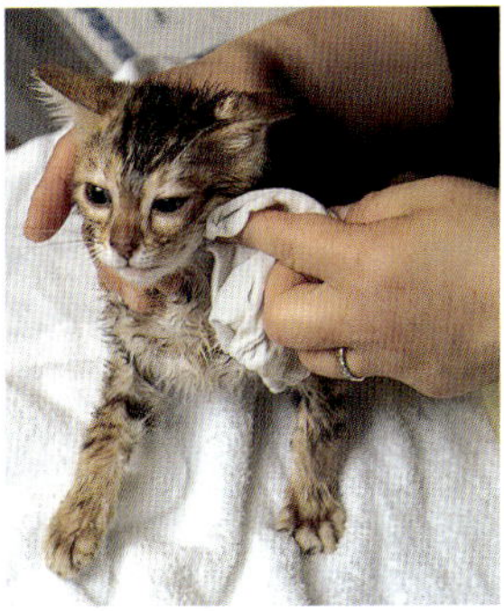

8 ガーゼなどで顔の汚れをやさしくふく

顔は、ぬるま湯で濡らしたガーゼなどでていねいに汚れをふき取る。

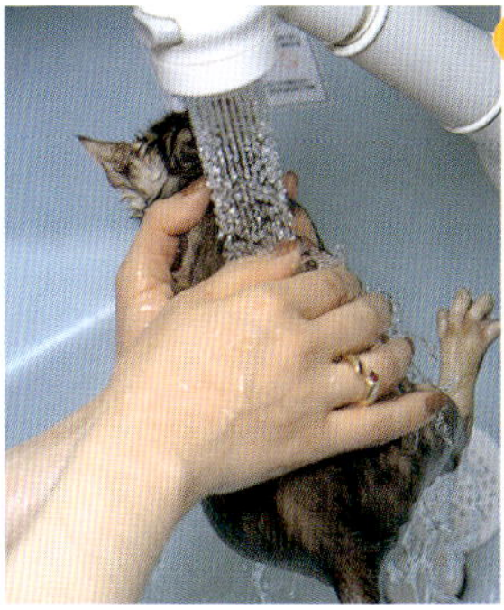

9 まず、首、背中からすすぐ

ため湯にして（ネコが怖がらなければ）中で流すと、すすぎが早く終わる。

POINT！

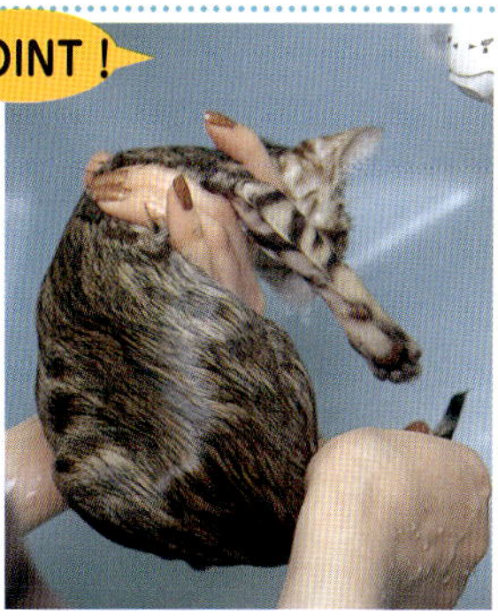

10 しっぽの先までよくすすぐ

お腹、しっぽ、四肢も順々にすすぐ。すすぎ残しのないよう注意。

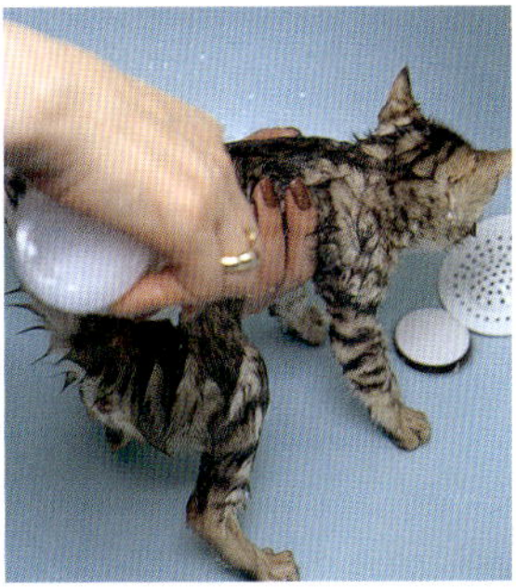

11 リンスをたっぷりとつけ、そのあと流す

薄めたリンスを全身にたっぷりとつけたら、湯をためながらリンスを入れネコにかける。なじんでから、流す。

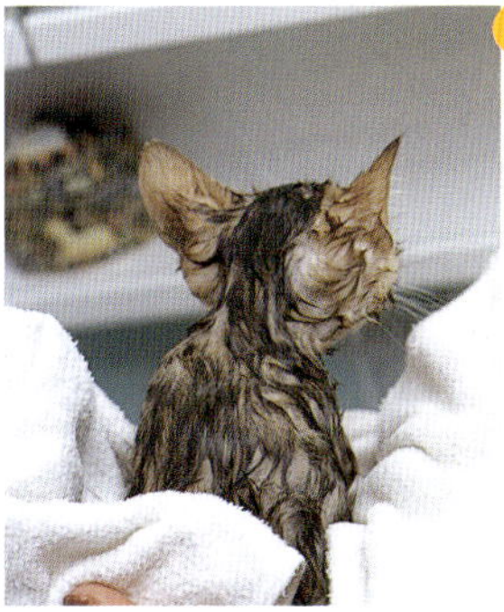

12 全身をタオルで包んでふく

バスタオルなどでネコをくるみ、手早く全身の水分を吸い取る。

POINT！

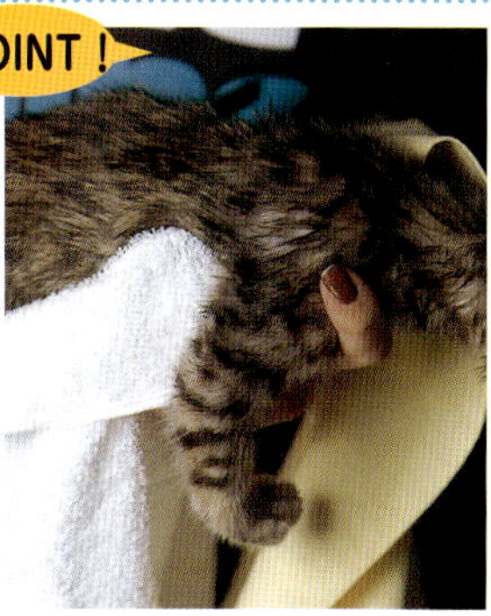

13 細かい部分の水分を取る

顔、首、脇の下、四肢など、細かい部分もよくふいて水気を残さない。

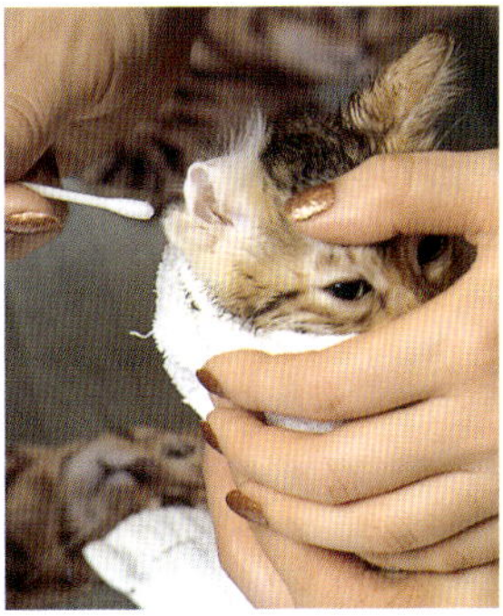

14 耳の中の水分を綿棒で取る

タオルで全身を固定しながら、綿棒でやさしく耳の中の水分を取る。

15 毛をとかしながら乾かす

ドライヤーで乾燥。ブラシを使うと乾きが速く、つやも出る。

16 皮膚を触って乾いたことを確認し完了

完全に乾いたかどうか、皮膚を触って確認。毛並みを整えて完了。

長毛ネコのシャンプーの手順

美しい被毛を保つには 2週間ごとに行います。

長毛のネコは、つややかな被毛が“命”。長いだけにもつれやすく汚れやすいので、シャンプーは定期的に行います。シャンプーをしっかりと洗い流し、根元まできちんと乾かせば、ふんわりと仕上がります。

1 ツメを切り、ブラシで被毛をとかす

事前にツメを切っておく。抜け毛は取りのぞき、被毛のからまった部分はよくほぐしておく。

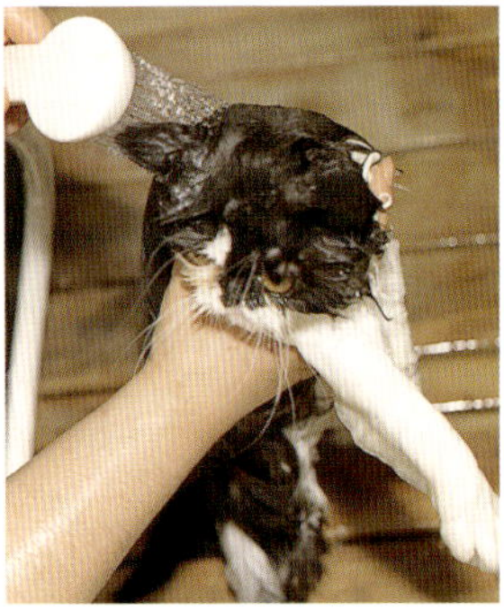

2 シャワーで全身の毛を湿らせる

シャワーを使って後頭部から下の毛を濡らす。顔はあとまわし。

3 シャンプーをたっぷりつける

背中全体にシャンプーをかける。たっぷり使うのがポイント。

4 全身を泡でざっと洗う

シャンプーを泡立てながら全身を洗う。毛よりも地肌を意識して。

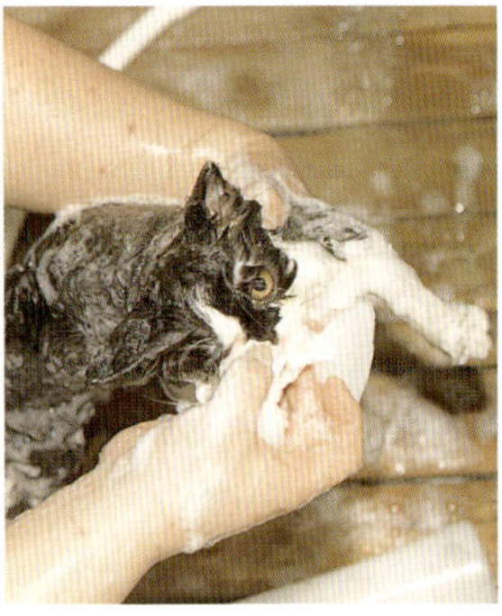

5 顔の汚れをふき取る

体を押さえながら顔の汚れを取る。濡れたティッシュやガーゼを使う。

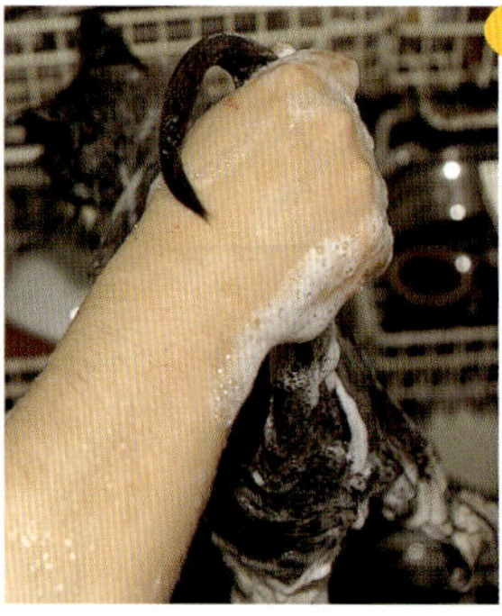

6 おしりのまわりを入念に

長毛ネコのおしりまわりは特に汚れやすいので、しっかりと洗う。

POINT！

7 シャンプーをていねいに洗い流す

シャンプーをシャワーのお湯で完全に洗い流す。汚れがひどいときは、②～⑦をもう1度くり返す。

●講師／梅山明美

8 リンスをつけて洗い流す

軽く水を切った全身の毛にリンスを含ませ、そのあとよく洗い流す。

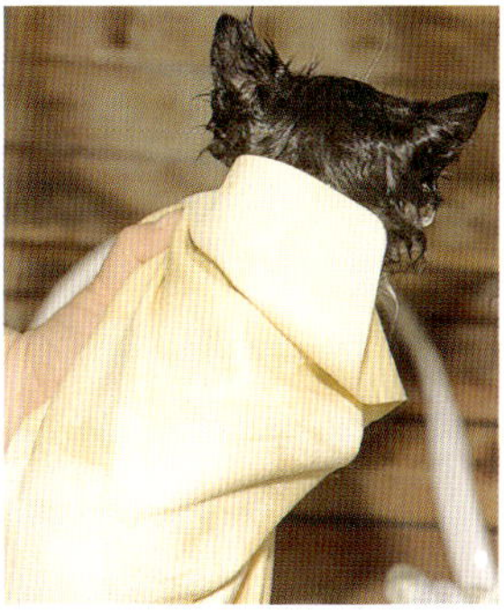

9 タオルでくるみ水を吸い取る

全身をくるみタオルドライ。ラバータオルを使うと吸収がよい。

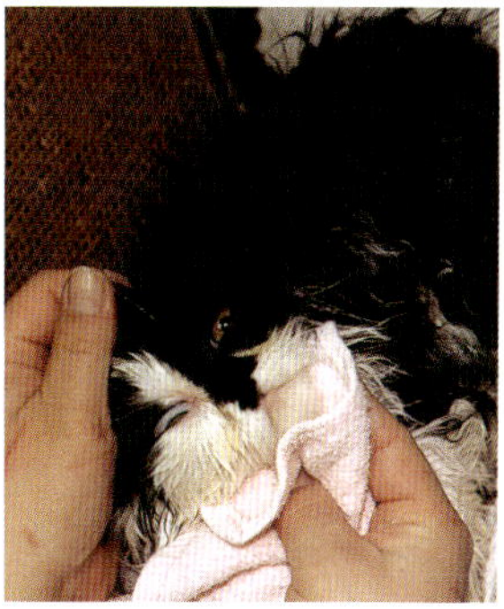

10 細かい部分の水分を取る

脇の下、指の間など、水分の残りやすい部分に注意をしてふく。

11 指の間も残さずに乾かす

指と指との間が乾くまで、ていねいにドライヤーをかける。

12 目のまわりの汚れを取る

目ヤニなどは、ベビーパウダーをつけた綿棒でこすると取りやすい。

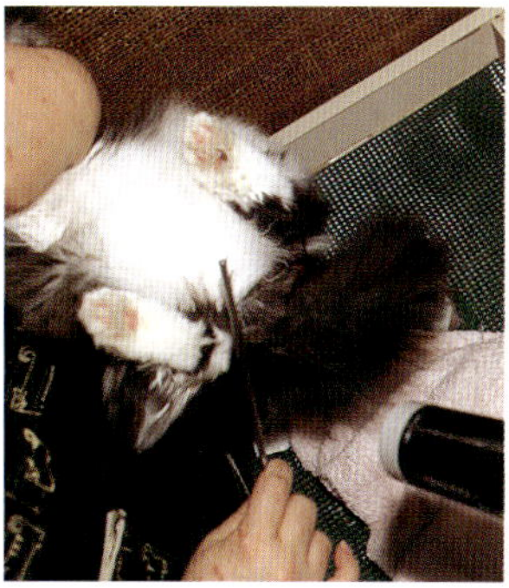

13 クシ入れしながら乾かす

お腹や四肢裏もよく乾かす。スタンドつきドライヤーを使うと便利。

14 クシで全身をきれいにとかす

毛の流れに沿って全身をとかす。四肢先やしっぽも忘れずきれいに。

POINT！

15 ふわふわにセットして完了

被毛の根元まで完全に乾かしふわふわに整えたらでき上がり。長毛種のシャンプーは、2週間に1度が目安。

LESSON 10 肥満対策

ダイエット&エクササイズですっきり

肥満ネコは愛嬌がある？ でも、実態は栄養障害。内臓や関節の負担をやわらげ病気を予防するにはダイエットとエクササイズが不可欠です。

意外に多い肥満ネコ

室内ネコは太りやすい。上から見てお腹が膨らんでいたら要注意。

上から見て、肩から腰まで均等に肉がついており、腰にくびれがあるのが理想的な成ネコの体形。もし、お腹の部分が膨らんでいたら、肥満気味のサイン。

室内飼いのネコは食べる量のわりに運動量が少なくなりがち。飼い主の多くは理想体重を認識していないし、動物病院などで見かけるネコも多くが太めなので、肥満に気づかない場合が多いようです。

室内飼いはちょっと太めのネコが多い。

肥満度チェック表

理想の体形

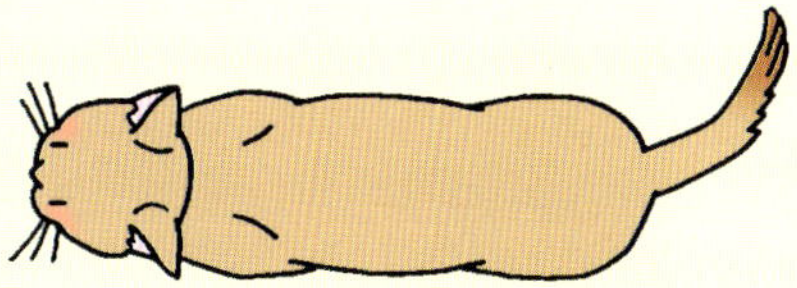

腹部、臀部《でんぶ》、首のまわりの皮下脂肪のつき具合などから肥満度をチェックする。理想は、腰のくびれが適度にあり、腹部は薄い脂肪層で覆われていて、脂肪層の下の肋骨が触ってわかること。体脂肪率は15～24%くらい。

やせすぎ	やせ気味	太り気味	太りすぎ（肥満）

やせすぎ	やせ気味	太り気味	太りすぎ（肥満）
脂肪層をほとんど感じずに、肋骨が触ってわかる。体全体の骨の隆起も触って容易にわかる。体脂肪率は5%以下。	腰にくびれがあり、腹部はごく薄い脂肪層で覆われていて、肋骨が触ってよくわかる。体脂肪率は6～14%くらい。	腰のくびれはほとんどなく、腹部は丸みを帯びる。脂肪層に覆われて、肋骨がわかりにくい。体脂肪率は25～34%くらい。	厚い脂肪層のために腰のくびれはなく、顔や四肢にまで脂肪が蓄積。肋骨に触れることは難しい。体脂肪率は35%以上。

※ボディコンディションスコア（BCS）の基準による。資料提供／日本ヒルズ・コルゲート㈱

間違った食事と運動不足

カロリーのとりすぎが一番の問題。成ネコなら健康を維持できる量で。

ネコに必要な食事の量は、ライフステージによって大きく違います。どんどん成長する子ネコのときや、妊娠中・授乳中のネコはたくさん食べなければなりません。でも、成ネコになって成長が止まったら、その後は理想の体形を維持し、健康でいられる量を食べれば大丈夫（P.62～67参照）。

成ネコになっても子ネコのときと同じだけ食べていたら、たちまち太ってしまいます。

運動不足も室内ネコが肥満になる原因のひとつ。ネコはイヌのように走りまわる必要はなく、ジャンプや、上り下りをする上下運動が基本。高さの違う家具を並べるなど工夫して、十分な上下運動をさせましょう。

おねだりに負けず、適量をあたえる意志を持ちましょう。

低カロリー食とあたえ方

栄養はあるがカロリーの少ない食事を、普段と同量あたえるのがベスト。

人間がダイエットする場合、極端な人は絶食や、激しい食事制限をします。しかし、ネコは絶食すると肝リピドーシスという肝臓の病気を起こし、死亡する可能性があります。

ネコのダイエットは食事をしながら行うのが大原則です。とはいっても、普段食べているフードを量だけ減らすやり方は、ネコの空腹感がつのりストレスになるうえ、栄養素まで不足するのでおすすめできません。

量はいつもどおり食べさせ、しかも摂取カロリーを減らす最も簡単な方法は、市販のダイエット用フードを利用すること。タンパク質など必要な栄養分がバランスよく配合されているので安心です。

普通食からダイエット食への変更には2週間程度必要。

太っていて一番つらいのはネコ。減量はネコのため。

低カロリーでも、量があれば空腹はしのげます。

ダイエットフード

●ウエット（レトルト）

カロリーを控えたレトルトタイプ。

●ウエット（缶詰）

カロリーを控えた缶詰タイプ。

●ドライ

カロリーを控えたドライタイプ。

家具の配置など、アイデアしだいでネコの運動をうながすことができます。

上下運動と遊びでエクササイズ

散歩は必要なし。柱を使った木登り、家具へのジャンプで脂肪燃焼。

ふせる、狙う、飛びかかる、噛みつくといった運動神経が発達しているネコの運動は、基本的にこれらの動作が十分できればOK。ネコじゃらしで遊ぶだけでもかなりの運動に。柱にぼろ布を巻きつけて登れるようにしたり、ネコ用のアスレチックなどを置いたりしてあげれば、ネコは自分で遊びながら運動します。

家具の上り下りが日課のネコ。室内飼いでもスリム。

家具の配置の工夫もおすすめ。大きな家具と小さな家具を凸凹に置いたり、家具と家具の間に棚を渡したりします。ちょっとした工夫がネコの運動量アップにつながります。

子ネコはネコじゃらしで遊びながら運動させましょう。

LESSON 11

去勢と避妊

去勢や避妊の手術は発情前がベスト

生後半年～1年でネコは最初の発情を迎えます。室内飼いで繁殖を考えないなら、その前に去勢・避妊手術をしたほうがネコにとっても幸せです。

発情の仕組み

メスは年に数回、オスはメスに合わせて発情。手術をするとおさまる。

いわゆる発情期とは、性の成熟期を迎えたメスに定期的に訪れる繁殖シーズンです。この時期に交尾すると、メスはほぼ100%妊娠します。オスには決まった発情期はなく、通常発情したメスが放つ独特のにおいに挑発されて発情します。一般的に、短毛種のメスのはじめての発情は生後6～9カ月、長毛種のメスは9～12カ月ごろです。

1回の発情期は交尾なしだと約1週間つづきます。

発情のシグナル

オス

真後ろに向かって勢いよくオシッコをするスプレー行動が、代表的な発情のサイン。また、落ち着きがなく、外に出たがって大きな声で鳴きます。

メス

人間の赤ちゃんのような大きな声でよく鳴きます。床で体をくねくねさせたり、腰を上げたりするポーズも独特。食欲がなくなり排尿も増加。

去勢と避妊手術

オスは睾丸、メスは卵巣と子宮を除去。生後5～6カ月ごろ計画的に。

タイミング 去勢・避妊は早すぎると成長に影響し、遅すぎると十分な効果が得られないことも。生後半年ごろ獣医と相談し、タイミングを見計らって手術を受けます。

オス 睾丸を取る手術が一般的。全身麻酔で数十分。入院の必要はありません。

メス 卵巣だけ、あるいは卵巣と子宮を取ります。開腹手術で3～7日の入院を要します。

予算 目安としてオスは1万5000～2万円、メスは2万5000～3万円+入院費。これらの費用は病院により開きがあります。

手術しないで家に閉じ込めるとネコの大きなストレスに。

手術後のネコの変化

おとなしくなり飼いやすいが、太りやすくなるので食事に注意。

去勢・避妊したネコは子ネコと同じ。子どもをつくる心配はなくなります。でも、外ネコと張り合う強さもないので、室内飼いを徹底させましょう。手術後はオスもメスも発情のときの独特の行動がなくなり、比較的おとなしくなるので飼いやすいはず。交尾による感染症や生殖器の病気も心配がなくなります。

ただ、オスメスともに肥満しやすくなるのが難点。食事と運動のバランスをとります。

手術後は子ネコにもどり、大人の自覚もありません。

CHECK! 手術のメリット

「飼い切れない」と捨てられてしまう不幸なのらネコが減るのがなによりのメリット。鳴き声やマーキングによる近所とのトラブル、性感染症などの病気の危険性も減ります。去勢・避妊手術は、人間とネコとの共存のためにはぜひ必要です。

去勢ネコはこうなる

性格がおとなしくなり、大声で鳴いたりけんかなどがなくなります。

放浪癖のあったネコも、家でじっとしていられるようになります。

スプレー行動などマーキングをしなくなり、メスと友達になれます。

食欲が安定してくるので、肥満だけが心配です。

LESSON 12

妊娠と出産

室内飼いのネコはお見合い結婚を

自由恋愛のない室内ネコに子どもを持たせたい場合は、つり合う相手を飼い主が探します。お見合い会場はオスの自宅がベスト。

お見合い

純血種は交配のルールにしたがって。メスは交尾まで数日を要することも。

成熟したメスとオスを会わせれば必ず交尾するほど、ネコは単純ではありません。恋愛の主導権はメスにあり、観察したりじらしたり、交尾を決意するまで通常は数日必要です。お見合いは、なわばりにこだわるオスの自宅にメスが出向き、5日くらい宿泊するつもりで行います。純血種の交配にはルールがあるので、ブリーダーなど専門家に相談しましょう。

申し分ないオスでも、メスがいやなら成立しません。

CHECK! 人間のように安全な日はある？

ネコのメスは、交尾の刺激によって排卵します。つまり、人間のように排卵のない安全日は存在しません。妊娠の確率は非常に高く、健康で経験豊かなカップルならほぼ100%妊娠します。それだけにタイミングが大事。子育ての環境を整え、生まれた子ネコをどうするか決めてから妊娠させます。

妊娠すると乳首はピンクに（ピンキングアップ）。

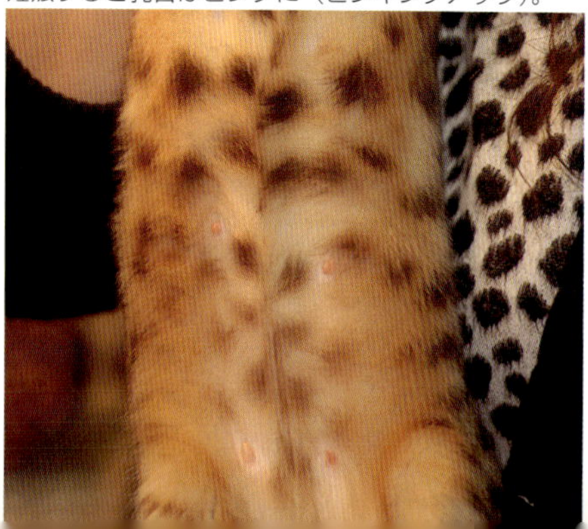

妊娠の兆候

交尾後、約3週間から変化が。妊娠の確認は獣医にまかせて。

交尾してから3週間くらいたつと、さまざまな妊娠の兆候が出てきます。はじめはつわりのような症状があり、おさまると食欲がアップ。観察していればわかりますが、あくまでも妊娠の診断は獣医にまかせましょう。

おっぱいのまわりの毛が薄くなり、乳首がピンクになって目立つ現象はピンキングアップ（前ページ写真）といいます。その後はおっぱいが膨らみ、お腹もはってきます。

CHECK! 妊娠中の食事と定期検診

妊娠中のネコは胎児の分の食事も食べなければなりません。特に妊娠1カ月以降は普段の2倍のカロリーが必要です。肉や魚などタンパク質が豊富で消化がよく、新鮮なものを食事にプラスします。「妊娠したかな」と思ったら獣医の診断を受け、その後は指示にしたがって検診を受けましょう。

妊娠ネコの変化

1週目

交尾から2～3日で発情期特有の行動がおさまります。ホルモン分泌がさかんになり、被毛につやが出てきます。

3週目

妊娠兆候が顕著になります。乳首がピンクになって膨らみ始め、食欲が増し、お腹も少しずつ出てきます。

1カ月

よく眠るようになり、普段の2倍くらい食べます。子宮が膀胱を圧迫するので、トイレの回数が増えます。

2カ月

お腹はまるまると膨らみ、出産直前は食欲が減退。落ち着かなくなり、乳首から母乳がにじむころいよいよ出産。

妊娠1カ月ごろ獣医に見せれば、子どもの数がわかります。出産直前はレントゲンで骨盤の広さなどもチェック。

陣痛

体を伸ばしていきみだしたら陣痛の始まり。30～60分ほどで出産開始。

出産が近づいた母ネコは、落ち着きがなくなり、しきりに飼い主にすり寄るなど甘えたしぐさを見せます。飼い主が用意した産箱をかきまわすような動作が見られたら、いよいよ出産は間近。産箱に入った母ネコは四肢をいっぱいに伸ばし、いきみ始めます。

これが陣痛の始まりです。気が立っているなら遠くで見守り、そばにいてほしそうなら体をなでるなどして安心させます。

母ネコをなでるときは軽く。お腹を押すのは禁物です。

産 箱 を 作 る

用意するもの

産箱は市販されていますが、ダンボールでの代用も可能です。70×60×60㎝くらいの大きさのダンボール箱、古新聞2日分くらい、大きなビニール、カッターを準備。

作り方

箱の片側にイラストのような切り込みを入れます。底にまずビニールを、その上にたたんだ新聞紙を10枚くらい重ねます。さらに小さくちぎった新聞紙を厚めに敷けば完成。

ちぎった新聞紙を使うと汚れた分だけ取り換え可能。

出産後の母ネコは空腹。温めたネコ用ミルクなどを。

出産

難産でも母ネコの力を信じて待つ。飼い主は手を出さないこと。

ネコはおおむね安産ですが、出産経験のない若い母ネコなど、中には難産になるケースもあります。愛するネコが30分～1時間も苦しそうにしているのを見るのはつらいものですが、出産は母ネコの大事な仕事。よほど衰弱している場合以外、手出しは無用です。飼い主はやさしく声をかけたり、先に生まれた子ネコを一時預かる程度にしましょう。

CHECK! トラブルに見舞われたら

●仮死状態のときは全身を軽く振る

羊水を飲んだ可能性が。両手で全身を包み首を固定して、軽く上下に振ります。顔の水分をふき、首から下を洗ってタオルで包み、マッサージして産声を待ちます。

●陣痛が1時間以上つづく

胎児が胎盤などにつかえているかも。獣医に相談を。※対処できない場合はまず獣医に電話。指示にしたがいましょう。

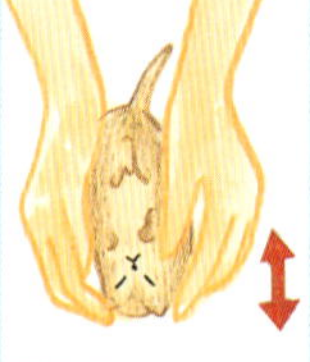

出産のプロセス

1 落ち着きがなくなる

飼い主にすり寄って甘えたり、産箱をかきまわしたり。出産直前は落ち着かない様子です。

2 陣痛の始まり

産箱で体を伸ばし、しばらくの間いきみます。前後して血の混じったおりものが見られます。

3 第1子の誕生

強いいきみとともに第1子誕生。子ネコを覆う透明の膜を破り、母ネコが顔をなめると産声が。

4 お産後の後始末

母ネコがへその緒を噛み切ります。産後に必要な栄養が詰まった胎盤は、母ネコが食べます。

5 子ネコをきれいにして授乳

母ネコは生まれた子ネコの全身をなめきれいにします。子ネコがおっぱいに吸いつき授乳開始。

6 陣痛、出産の繰り返し

お産は約10～20分間隔でつづきます。全部生み終わった母ネコはさっそく食事をします。

無事出産後2日目の子ネコたち。まだ目は見えません。見えるようになるのは、10日目あたりから。

LESSON 13 産後の母ネコと子ネコ

母ネコにかわってミルクやトイレの世話も

母ネコが子育てを放棄したり、生まれて間もない子ネコを飼うときは、飼い主が母ネコ役。手間はかかりますが、感動的な体験です。

母ネコの世話

まずは栄養補給。
落ち着いて授乳できる
場所を確保し見守る。

出産後の母ネコには温かいネコ用ミルク、卵黄、肉、魚などをあたえて栄養を補給させます。母ネコは胎盤を食べますが、食べすぎると下痢の原因になるので、2匹目まででやめさせます。授乳中は普段の1.5倍のカロリーを確保。あとは静かに授乳できる環境を整え、体調の変化などに気をつけながら観察します。

母ネコにとっては飼い主がそばにいるだけでも安心。

CHECK!

母ネコがへその緒を切らなかったら

母ネコが出産後の後始末ができない場合を考え、出産に際しては消毒したハサミ、木綿糸、ガーゼ、ぬるま湯、子ネコを入れる箱を用意しておきます。母ネコがへその緒を切らなかったときが飼い主の出番。子ネコのおへそから約3㎝のところを木綿糸でしばり、胎盤側をハサミで切ります。子ネコの体はぬるま湯でしぼったガーゼでふき、母ネコのお産が終わるまで箱に入れておきます。

子ネコをよく世話する母としない母。個体差は大。

子ネコの世話

気温30℃、湿度60%前後の薄暗い箱。ネコ用ミルクをあたえ、排泄の面倒も。

　母ネコにかわってネコの赤ちゃんを育てるときは、まず育児スペースを確保します。はい出せないくらいの高さのある箱にタオルなどを敷き、気温29～32℃、湿度60%程度をキープ。母ネコのお腹に兄弟そろってもぐり込んでいるときのような環境です。

　ときにはエアコンを用い、加湿・除湿器や濡れタオルを置くなどして管理。直射日光は避け、少し薄暗い程度の環境で育児をします。

ミルク　ネコ専用を横ばいの姿勢で

　ネコ用ミルク･哺乳びんを購入するのが一番簡単(哺乳の姿勢はP.64参照)。ミルクの温度は人肌(38℃)。生後1日目は2時間ごとに3～5cc、体重250gまでは6～8ccを1日5～6回が目安。離乳食は生後3週目ごろから。

トイレ　濡らしたガーゼで肛門を刺激

　母ネコが子ネコのおしりをなめて排泄させるのを習い、濡らしたガーゼやティッシュで肛門付近をふいて刺激します。排泄はミルクの前後に行い、排便、排尿後はきれいにふきます。生後2カ月ごろからトイレのしつけを開始。

その他　目が開き、ハイハイをすれば元気

　ネコは生後10日くらいで目を開き始めます。2週間ほどたっても閉じたままなら、湿らせたガーゼなどで目頭から目尻に向かい少しずつ開けてあげます。目が開くころにはハイハイもします。箱から出ないよう注意します。

子ネコの成長日記

生後すぐ

●体重　100g

目も見えず耳も聞こえず、嗅覚と前肢の力だけでおっぱいを探します。兄弟は平均3匹。後肢のつけ根に近いおっぱいを確保したネコは早く成長します。

1週目

●体重　200g

母ネコのおっぱいを前肢で踏み踏みしながら母乳を飲みます。母乳を飲み、排泄し、眠ることの繰り返し。大人になっても踏み踏みの動作をするネコもいます。

2週目

●体重　300g

生後10日～2週間で目が開きます。青みがかった灰色の目。よく見えてはいませんが、光に反応します。耳が立ち、はいはいを始めるのもこのころ。

3週目

●体重　400g

人間でいえば半年くらい。顔だちもはっきりし、行動範囲が広がります。母ネコがいなくても兄弟同士くっついて眠れます。乳歯が生え始めます。

4週目

●体重　500g

出たままだったツメを引っ込められるようになります。運動神経が発達し、箱から出て遊ぶことも。母ネコの助けなしに排泄を試み、できるようになります。

Column 5

ネコのケアカレンダー12カ月

季節ごとに生活チェックを。

ネコの健康管理、生活チェックには、季節ごとにポイントがあります。ネコが元気に１年過ごせるよう、体と環境のケアをしっかり行いましょう。

春
うららかな
恋の季節

3月
春の換毛期です。長毛種はもちろん、短毛種もまめにブラッシングし、抜け毛を除去します。温度と湿度の変化が激しいので注意。

4月
引きつづきグルーミングを入念に。メスは発情期真っただ中。室内飼いのネコが外に飛び出さないよう気をつけましょう。

5月
ノミやダニなど外部寄生虫が増えるので注意。外出や外ネコとの接触に気をつけながら、家の中の掃除を徹底的に行います。

冬
温度と湿度の
管理に注意

2月
冬は水分不足による排泄障害が心配。オシッコやウンチはまめにチェックします。暖かい時間に換気をし、日向で運動させましょう。

1月
本格的に暖房機器を使い始めます。ネコの低温やけどや脱水症状には十分注意を。正月休みはいっしょに遊び、飼い主ともども運動不足解消を。

12月
空気が乾燥しすぎないよう加湿器などで対応します。ポインセチアやシクラメンを食べると中毒を起こすのでこれらにネコを近づけないこと。

夏
ネコの苦手な暑い日々

6月
梅雨期は食中毒の多発期間。エサの出しっぱなしは厳禁です。残したものは捨て、食器は毎回洗います。ノミやダニによる皮膚炎に注意。

7月
ノミの繁殖のピーク。ノミ取りシャンプーなどで衛生的に。締め切った部屋に置くと熱射病が心配。涼しい場所を確保して。

8月
食欲不振や下痢が見られたら、冷房による冷えすぎを疑って。冷たい風にネコを直接当てないこと。直射日光による熱射病にも注意。

秋
ヘアケアを入念に

9月
夏バテによる体力低下から体調を崩すことも。くしゃみや鼻水は鼻炎の疑い。白血病ウイルス感染症ワクチンなど予防接種を受けましょう。

10月
食欲が増す時期なので肥満しないよう気をつけます。繁殖期で落ち着きがなくなるので、いっしょに遊ぶなど気分転換を。

11月
秋の換毛期で冬毛が生えます。ブラッシングなどで被毛を整えて。毛布でベッドを暖かくするなど、早めに寒さ対策を。

LESSON 14

住まいの改造

ネコがよろこぶ部屋づくり

ネコはよく寝て、よく遊びます。室内飼いゆえのストレスを上手に解消するためにも、気ままな運動や、安らげる空間を用意したいものです。

快適空間の基本

日当たり、温度、暗さ、静かさ、高低差などなど。条件はけっこう厳しい。

ネコがストレスなく、快適に暮らすための部屋づくりに欠かせない要件は、❶日が当たるなどで暖かい❷たっぷりと運動ができる❸清潔で安全❹外敵の侵入や騒音がない、などがあげられます。

これらの要件を満たすために、たとえば運動しやすいようにと家具の配置を替えたりすることもできますが、それだと人間にとってはかえって暮らしにくくなることもあります。また、騒音対策など、ちょっとしたアイデアだけでは解決できない要件もあります。

そこで、思いきってリフォームを考えてみるのもよいでしょう。マンションと一戸建てとではリフォームの箇所や方法が異なりますが、いずれも構造や素材選びなどの工夫で、ネコと人間とが快適に暮らせる素敵な空間に生まれ変わります。

天井に木を渡す。高い所が好きなネコにぴったり。

段差やネコ階段など、運動や遊びのできる空間を。

アイデアはいっぱい

ネコと人間の共用をテーマにリフォーム。ネコ用のパーツに注目。

ネコを飼う人が増えた現在は、ネコと暮らすための室内パーツや、家具も多数、市販されています。中でも重宝なのはドア。ネコが通り抜けるための小さな穴のついたドアがあれば、ネコは自由に出入りできます。もうネコのためにドアを開放して、人間が寒い思いをするといったことはなくなります。壁やサッシ窓にネコ専用のドアをつくることも可能。

素材選びがとても重要なポイント。住みやすさが断然違ってくる。

壁は張り替えが簡単なタイプが便利。床材はキズつきにくいものを。また衝撃を吸収するタイプなら､マンションなどで階下へ響く音の軽減になります。フローリングに床暖房を設置すれば、冬でも心地よい暖かさが保てます。静けさを確保するには壁に防音材を入れ、二重サッシにするといった工夫も必要です。

キッチンやベランダなど、危険な場所には柵をつけます。玄関にも設置すると、宅配便の受け取り中やドアを開けた瞬間にネコが飛び出していってしまうなどのトラブルを防ぐことができます。

また、天井に余裕があれば、梁を通してキャットウォークをつくるとネコがよろこびます。明かりはネコの目にやさしい、暗めの電球や間接照明がおすすめです。

柵などを設置すれば、ベランダもネコの遊び場に。

写真提供／旭化成

日向を追い求めるネコ。フローリングは床暖房が快適。衝撃吸収素材を使えば、ネコを活発に運動させることも。

ネコ快適＆

ネコの目線で見わたせば、工夫すべき場所はいっぱいです。キャットドアやキャットウォークなどで、ネコの生活を楽しく快適に。

⑩ ベランダ・テラスもネコの遊空間に

日光浴・外気浴は大切な気分転換のひとつ。柵を取りつけるなどして、安全対策は万全に。

⑨ 静かなトイレ専用スペース

落ち着いて排泄ができ、換気のよい場所が理想。洗面所なら、掃除後に手が洗えて便利。写真では洗面台の右側に扉つきのトイレスペースが。においが広がらず、また、砂も飛び散らないので、掃除は楽。

⑧ 出入り自由なネコ専用のドア

気ままにいったりきたりしたいネコのために、ネコ専用ドアを設置。壁にもネコ専用のドアを設置することができます（左写真）。これで移動がスムーズに。

⑦ 床暖房でぬくぬく

床暖房を設置すれば、寒い季節も暖かく快適に過ごせます。

楽しい部屋

❶ ワンフロアなのに階段のあるよろこび

家具の高さが段々になるように配置すれば、それだけでネコの大好きな階段のでき上がり。上ったり下りたり、ゴロンとしたりと、思いっきり遊べます。

❷ 居間に特等席を

みんながくつろぐリビングにネコの定位置をつくります。らせん階段状なら、省スペースで天井まで上れるし、そのままキャットウォークにもつなげられます。

❸ キャットウォークは最高

④の飾り棚を登れば、そのままキャットウォークへ。部屋中を見わたせて、見下ろせて、ネコはご機嫌。

❹ ネコもうれしい飾り棚

作りつけの飾り棚を段々に設置するだけで、ネコの遊び場に。「楽しぃ～！」というネコの声が聞こえてきそう。

❻ 清潔なダイニングルーム

人間の食事スペースの一角に、ネコ用の食事スペースをつくります。掃除しやすい床材・壁材が便利です。

❺ 台所・玄関からシャットアウト

火や刃物を使う台所は危険がいっぱい。かわいそうな事故から守るには、柵の取りつけが有効です。玄関ドアからの飛び出し防止にも。

＊写真提供／❶❷❻❽（左写真）❾旭化成。❸❹❺新日本建物。なお、写真の商品は旭化成「へーベルハウス」、新日本建物「ラヴィドール上井草」用に企画されたものにつき、リフォーム商品として単品で販売されているものではありません。

ネコ専用の部屋

専用の部屋があれば たくさんネコがいても 繁殖のときにも便利

部屋数に余裕があれば、いっそのことその1室をネコ専用ルームにしてしまうのも一案です。繁殖を目的としている場合には、ネコにとってより落ち着いたよい環境を整えてあげることができます。専用ルームに必要な条件は、①飼い主の目が届く②温度調節ができる③日光浴ができる④換気ができる⑤運動できる空間がある⑥安全である、ということ。さらに、水道や排水設備を整え、防音機能もそなえていればパーフェクト。ネコの好きな高い所に上れたり、狭い所にもぐり込んだりできるようにすれば、快適な部屋になります。

専用ルームは、病気などでネコを隔離しなくてはならないときにも便利に使えます。複数飼いで、専用ルームがない場合は、いざというときに備えて、隔離をする場所や方法を考えておきましょう。

来客があっても専用ルームでなら思いっきり遊べます。

テレビや人の足音が気になってはよく眠れません。

POINT！ ペットが飼えるマンション選びのポイント

ペットが飼えるマンションには、ふつうのマンションでペットも許されているものと、ペット対応の設備が整ったペットと暮らす人用のものとがあります。どちらもペットに関する管理規約をチェックしたうえで決めましょう。あとから飼育頭数に制限があることがわかったりして失敗するケースもよくあります。また管理規約のペットに関する記載が明確になっていないと、あとあとトラブルもあるので注意。

5つのチェックポイント	
1	自分の飼っているペットはそのマンションで認められているか。また何頭まで可か。
2	飼育の条件として守らなければならないことはなにか。またそれを守ることができるか。
3	ペット専用の設備はあるか。またそれを使用するに当たって、料金はかかるのか。
4	賃貸物件の場合、退去の際に床や壁を張り替えるなどといった、特別な規定はあるか。
5	ペット会などがある場合、その参加が義務づけられているのか。またその会ではどのような活動がされているのか。

Part 5

マンション飼いにおすすめのネコ20品種

マンションで飼うにはいろんな制約があるから
適応できるネコであるほうがおたがいの幸せです。
やんちゃはかわいいけれど、やんちゃすぎは難しいかも。
いうことを聞いてくれそうなネコちゃんを集めてみました。

LESSON 1 おすすめのネコ20品種

マンション飼いにはこんなネコがいい

マンションだからといって飼えないネコはいませんが、ストレスの少ない生活を送るために、環境に順応しやすいタイプを選びたいもの。

集合住宅に適したネコ

一番気になるのは音そして鳴き声とにおい。飼い主の飼い方も重要。

壁1枚隔てたところに他人が暮らしている集合住宅では、自分にとってはなんでもないことでも、隣近所に迷惑だったりするものです。最も気をつけたいのは、音の問題。部屋でネコが走ったり跳んだりしたときの床への衝撃音は、思いがけないほど階下に響く場合があるので、集合住宅で飼うのならおとなしい性質のネコがいいでしょう。

共同廊下で遊ばせるなんてことは、もってのほか。

さらに、鳴き声が小さく、あまり鳴かないネコなら、声が外廊下にまで響くことにあまり神経質にならずにすみます。

ただし、おとなしい性質の品種であっても、個体差があります。人から譲り受ける場合でも、ペットショップなどで購入する場合でも、可能であればそのネコの親も見せてもらって、性質を見極めましょう。

←ノルウェジャンフォレストキャットは、性格がおだやか。

ここをチェック！

意外な盲点は食事の量。たくさん食べるネコはその分エサ代も多くかかる。

P.124より、集合住宅に順応しやすいネコを20品種紹介しています。被毛や体形、目の色や頭の形といった、純血種として重要な特徴に加え、食事の量や性格、さらに飼い方のポイント、運動量など、外見からは判断できない隠れたポイントも掲載しています。この20品種の中であれば、ルックスで選ぶもよし、性格で選ぶもよし。参考にしてください。

頭　顔のタイプは3つ。長毛・短毛で分ければ合わせて6パターンに。

顔形は、丸顔、三角顔、中型顔の3タイプ。アメリカンショートヘアに代表される丸顔タイプは、愛らしくユーモラスな印象です。それに対して、シャムのような逆三角形の顔を持つ三角顔タイプは、洗練されたシャープな風貌。丸くもなく細くもない中型顔タイプには、マンチカンなどが属します。

中型顔のオシキャット。

体形　ボディは、丸いか、筋肉質か、すらりとスマートかなど6タイプ。

胴が短く肩や腰が広くがっしりしているのがコビー。細くしなやかなボディのオリエンタル。スマートでもオリエンタルほど細くないのがフォーリンで、コビーとフォーリンの中間がセミフォーリン。コビーより四肢や胴が長めなのはセミコビー。ロングアンドサブスタンシャルは長くがっしり型です。

コビータイプのペルシャ。

アメリカンショートヘアは環境への順応性が抜群。

目　目の色は、深いブルー系や妖《あや》しいゴールド系などさまざま。

ネコの目の色は、下の図のような6色に代表され、その中でさまざまなグラデーションを見せて千差万別です。白いネコの中には、片目がブルーでもう一方がゴールドのオッドアイとよばれるものもあります。

目の形は、丸形とアーモンド形があります。

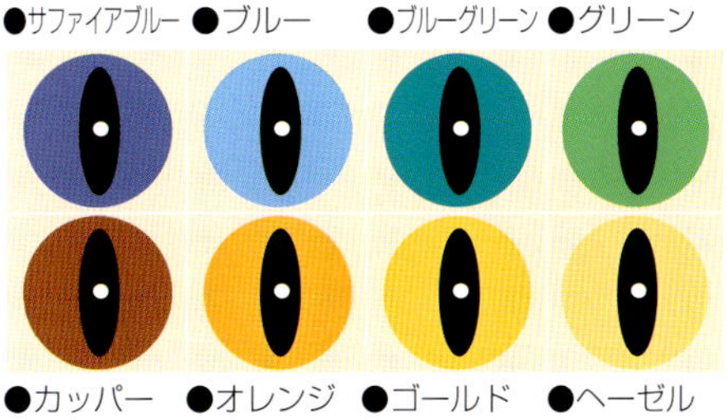

被毛　長さは長毛と短毛の2タイプ。模様は大きく分けて5タイプ。

全身が単一の色がソリッド。縞模様をなすのはタビー。タビーには模様の出方によって、クラシックとマッカレルとがあり、スポッテッドもタビーの変化したもの。顔、耳、四肢、尾にくっきりと色が出るのがポインテッド。モザイク模様はパーティカラー。毛先だけ色のついているのはティップドカラー。

ポインテッドの被毛。

アビシニアン

Abyssinian

鈴のような爽やかな鳴き声が魅力。

アビシニアンタビーとよばれるゴールドの被毛が特徴。1本1本の毛が2～3の濃い色で染め分けられ、照明や動きで微妙な変化を。ボディも自慢で、歩く姿はヒョウのように精悍《せいかん》。性格は従順で甘えん坊。鈴を転がすような鳴き声も爽やかです。

おすすめ度 ★★★

発生国●エチオピア
特　徴●スリムな体形。輝く被毛。きれいな鳴き声。甘えん坊。
性　格●神経質な半面、好奇心旺盛。
手入れ●1日1回のブラッシング。

毛の長さ	大きさ	鳴き声	運動量	食事量
短い	3～5kg	静か	多い	ふつう

参考価格 120,000～200,000円

飼い方のポイント 神経質なネコなので、静かな場所で飼う。ほかのネコといっしょに飼うことは難しい。特に他品種とは折り合いが悪い。

↑
毛色●ルディ
性別●オス
年齢●4カ月

➡
毛色●ソレル
性別●オス
年齢●1歳10カ月

⬅
毛色●ソレル
性別●メス
年齢●1歳1カ月

頭 丸みのあるくさび形。プロフィールは緩やかな曲線。

目 アーモンド形の大きな目。色はゴールド、グリーン、ヘーゼルの3色。

被毛 光やネコの動きによって、色が微妙に変化する。

体形 筋肉がよく発達した、スリムなフォーリンタイプ。

アメリカンカール

American Curl

ユニークなカール耳がかわいい。

頭の後ろ側へ耳が反り返る愛らしいネコです。生まれたてはストレートなのですが、生後4～7日ごろから反り返り始めます。このカールの耳、約50%の確率で受け継がれるということ。性格もおだやかでしつけがしやすく、飼いやすいネコです。

おすすめ度 ★★★

発生国●アメリカ
特　徴●後ろにカールした耳。
性　格●おとなしく聡明。
手入れ●朝夕1回ずつのブラッシングとコーミング。

毛の長さ	大きさ	鳴き声	運動量	食事量
短毛	3~6.5kg	やや静か	ふつう	多い

参考価格120,000～200,000円

飼い方のポイント 大型で成ネコになるまで時間がかかるので、高カロリー・高タンパク質の食事を。登り木などで縦の変化のある運動をさせる。

⬆
毛色●ブルーシルバークラシックタビー
性別●オス
年齢●3カ月

毛色●ブラウンマッカレルタビー（左）➡
シルバークラシックタビー（右）
年齢●3カ月

毛色●シルバーマッカレルタビー＆ホワイト
性別●オス
年齢●4カ月
⬇

頭 やや横長で中くらいの大きさ。鼻上部にはくぼみが。

目 表情豊かなクルミ形の目。被毛がポインテッドの場合はブルーに。

被毛 シルキーな手触り。アンダーコートは少なめ。

体形 筋肉がよく発達した、セミフォーリンタイプ。

➡毛色●ブルートービー＆ホワイト（左）・クリーム＆ホワイト（中央）・トービー＆ホワイト（右）

アメリカンショートヘア

American Shorthair

ルックス、性格、体力、すべてに完璧!

これほどの完成度を誇るネコは、ほかではなかなか見かけません。ルックスがよくじょうぶ。そしてハンティングの能力も抜群で、性格も陽気。グルーミングも楽々です。最大の魅力が豪華なタビー模様。シルバークラシックタビーが人気です。

おすすめ度 ★★★

発生国●アメリカ
特　徴●豪華で美しいタビー模様の被毛。強靭で力強い体格。
性　格●明るく人なつこい。
手入れ●1日1回のブラッシング。

毛の長さ	大きさ	鳴き声	運動量	食事量
短い	3~6kg	ふつう	やや多い	ふつう

参考価格 120,000~200,000円

飼い方のポイント 運動量の多いネコのため、高カロリー・高タンパク質の食事をあたえる。登り棒など、縦の変化のある運動を多くさせる。

⬅
毛色●シルバークラシックタビー
性別●オス
年齢●4カ月

毛色●ブラウンクラシックタビー
性別●オス
⬇

頭 丸く中くらいの顔。鼻上部にはくぼみがある。

目 丸い大きな目はつり上がっている。色は被毛に準じる。

体形 中くらいのセミコビータイプ。胸板が厚く、たくましい筋肉。

被毛 野性的でゴージャス。体にぴったりと密生。

⬆（2匹とも）毛色●シルバークラシックタビー　年齢●1カ月

⬇毛色●シルバークラシックタビー

エキゾチックショートヘア

Exotic Shorthair

簡単な手入れと気さくな性格。

　ペルシャとアメリカンショートヘアの血がミックスされて生まれた品種だけに、豪華さとワイルドさを併せ持ったエキゾチックショートヘア。短い被毛は弾力性があり、ビロードのような手触り。カジュアルなペルシャとして、海外で評判のネコです。

おすすめ度 ★★★

発生国●アメリカ
特　徴●扁平な顔。豪華な被毛。
性　格●とてもおだやか。
手入れ●朝夕1回ずつのブラッシングとコーミング。

毛の長さ	大きさ	鳴き声	運動量	食事量
短い	3~5.5kg	やや静か	ふつう	多い

参考価格 120,000~200,000円

頭 鼻もマズルも短く、アゴがしっかりと発達。

飼い方のポイント 高カロリー・高タンパク質の食事をあたえる。ストレスをためないように、登り棒など、縦の変化の運動を多くさせる。

目 大きな目が離れ気味につく。色は被毛の色に準じる。

体形 コビータイプ。筋肉質で体全体に丸みがある。

被毛 やや長めの短毛。弾力性があり、なめらか。

毛色●ブラウンマッカレルタビー　性別●オス　年齢●4カ月

エジプシャンマウ

Egyptian Mau

天然のスポット模様が自慢。

　エジプシャンマウの「マウ」とは、エジプト語でネコという意味。かつては神の化身として崇拝されていたとか。人の手を入れないスポット模様の被毛は豪華でシルキー。ヒョウを彷彿《ほうふつ》させます。性格もおとなしく、子ネコの世話も苦にしません。

おすすめ度 ★★★

発生国●エジプト
特　徴●原種は古くからエジプトに棲息。シンプルなスポット。
性　格●おとなしく人見知りも。
手入れ●朝夕1回ずつのブラッシング。

毛の長さ	大きさ	鳴き声	運動量	食事量
短い	3~5kg	やや静か	ふつう	少ない

参考価格 120,000~200,000円

飼い方のポイント やや細身のタイプなので、カロリーの高い食事はあまりあたえない。スポットをよくするために、朝と晩各1回のブラッシングを。

頭 中くらいの大きさで、丸みを帯びた頭とマズル。

目 丸みがかったアーモンド形の目。色は淡いグリーンがベスト。

体形 中型のセミフォーリンタイプ。肩は高いところにあり、角張って見える。

被毛 なめらかで光沢があり、とてもシルキー。

毛色●シルバースポッテッドタビー　性別●ニューター（去勢したオス）　年齢●10カ月

オシキャット

Ocicat

マスカララインがかわいい。

このネコはアビシニアンにシャムをかけ合わせ、生まれたスポッテッドタビーにアメリカンショートヘアを交配して作出した品種です。エジプシャンマウ似ですが、こちらのほうが大型。性格はおだやかですが、警戒心の強い面も持ち合わせています。

おすすめ度 ★★★

発生国●アメリカ
特　徴●ティッキングのある被毛とかわいいマスカラライン。
性　格●やさしい性格。警戒心が強い。
手入れ●朝夕1回ずつのブラッシング。

毛の長さ	大きさ	鳴き声	運動量	食事量
短い	3～6kg	静か	多い	ふつう

参考価格 150,000～200,000円

飼い方のポイント 高カロリー・高タンパク質の食事をあたえる。運動を必要とするネコなので、登り木などでの運動量を多くする。

↑毛色●チョコレートスポッテッドタビー
性別●オス
年齢●5カ月

毛色●チョコレートスポッテッドタビー
性別●オス（左）メス（右）
年齢●5カ月（2匹とも）
←↓

頭 横から見ると眉間《みけん》から鼻先まで、美しいカーブを描く。

目 アーモンド形。色はブルー以外で、被毛の色に準じる。

被毛 毛質は細く密生し、1本1本にティッキングが見られる。

体形 大きなセミフォーリンタイプ。骨格、筋肉がたくましい。

←
毛色●チョコレートスポッテッドタビー
性別●オス　年齢●4カ月

↓毛色●チョコレートスポッテッドタビー
性別●メス　年齢●4カ月

オリエンタルショートヘア
Oriental Shorthair

シャムより出でて、シャムより豪華？

貴婦人のようなボディに美しくコーディネートされた被毛が自慢で、シャムをしのぐほどのセンスです。ルーツをたどればシャムから生まれた品種で、違いはポイントがないこと。性格もシャムと同じ。小悪魔的魅力で飼い主を虜《とりこ》にします。

おすすめ度 ★★★

発生国●イギリス
特　徴●大きな耳とアーモンドアイ。しなやかで優美な体形。
性　格●甘えん坊で、好奇心が旺盛。
手入れ●朝夕1回ずつのブラッシング。

毛の長さ	大きさ	鳴き声	運動量	食事量
短い	3～4kg	ややうるさい	やや多い	少ない

参考価格 100,000～200,000円

頭 くさび形の頭。額から鼻先までが一直線。

目 アーモンド形の目はグリーンなど被毛の色に準ずる。

飼い方のポイント ほっそりタイプなので、食事をあたえすぎない。ストレスがたまらないように運動を。他品種との折り合いはいまひとつ。

←
毛色●シルバースポッテッドタビー
性別●オス
年齢●4カ月

体形 スリムでしなやかなオリエンタルタイプ。

被毛 細くシルキーで密生している。とても柔らか。

→
毛色●レッドスポッテッドタビー（左）
　シルバースポッテッドトービー（右）
性別●メス（左）・メス（右）
年齢●3カ月（2匹とも）

シャム
Siamese

最高のスタイルにかわいい性格。

シャムが知的なのは、サファイアブルーの瞳と、気品あるくさび形の顔、スレンダーなボディスタイルによるもの。細い被毛には光沢があり、スリムなボディにぴったりと密生。感受性に富んでいますが、普段はかわいらしく、愛情深いネコです。

おすすめ度 ★★★

発生国●タイ
特　徴●サファイアブルーの目と美しいポイントカラーの被毛。
性　格●感受性が強く、甘えん坊。
手入れ●1日1回のブラッシング。

毛の長さ	大きさ	鳴き声	運動量	食事量
短い	3～4kg	ややうるさい	やや多い	少ない

参考価格 100,000～200,000円

飼い方のポイント 運動量が多い品種なので十分に遊ばせる。ほっそりタイプなので食事はあたえすぎない。他品種とはいっしょに飼わない。

頭 くさび形で、シャープな印象。両目の間隔が狭い。

目 アーモンド形で、色はサファイアブルーのみ。

被毛 短い被毛が体表に沿って密生。手触りはなめらか。

体形 チューバーボディとよばれる、丸くて長いオリエンタルタイプ。

↑毛色●ライラックポイント　性別●メス　年齢●4カ月

シャルトリュー
Chartreux

かわいい口元とゴージャスな被毛。

このネコの魅力は豪華なブルーの被毛。美しさに加え、羊の被毛のように密で水をよく弾きます。それゆえ高い金額で売買され、絶滅の危機に瀕したことも。被毛以外では「ほほえみネコ」といわれるかわいいマズルも魅力的。とても聡明です。

おすすめ度 ★★★

発生国●フランス
特　徴●とても密で、美しく輝くブルーグレーのショートヘア。
性　格●おとなしくマイペース。
手入れ●朝1回のブラッシング。

毛の長さ	大きさ	鳴き声	運動量	食事量
短い	4~6.5kg	やや静か	ふつう	多い

参考価格 120,000~200,000円

飼い方のポイント 大型のネコなので、高カロリー・高タンパク質の食事をあたえる。運動量も多く。性格がよいので、他品種との飼育も可能、

頭 頭部は広く丸みがある。マズルは小さい。

目 丸く大きく見開いたような目。色はゴールドからカッパー。

体形 たくましく大型のセミコビータイプのボディ。

被毛 きれいなブルーグレーのみ。密度が高く、水をよく弾く。

⬆毛色●ブルー　性別●メス　年齢●7カ月

シンガプーラ
Singapura

シンガポール生まれの最小ネコ。

小さな妖精と称され、ネコの中で最小といわれるのがシンガプーラ。成長しても3kgほど。アビシニアンに似たティッキング（1本の毛に複数の色の帯が入る）も魅力です。性格はとても甘えん坊で、少し神経質。人間とはとても仲よしです。

おすすめ度 ★★☆

発生国●シンガポール
特　徴●ネコの中で最小。被毛にはきれいなティッキングがある。
性　格●好奇心が強い半面少し臆病。
手入れ●1日1回のブラッシング。

毛の長さ	大きさ	鳴き声	運動量	食事量
短い	2~3.5kg	やや静か	ふつう	少ない

参考価格 150,000~200,000円

飼い方のポイント 体が小さいので、食事をあたえすぎない。静かな落ち着くことができる環境を。臆病な面があるので、他品種との同居は避けたい。

頭 丸みのある頭部。角張った広めのマズルと丸いスカルをもつ。

目 大きなアーモンド形。色はヘーゼル、グリーンなど。

体形 ネコの中で最小のセミコビータイプ。筋肉質。

被毛 アビシニアンのようなティッキングがある。

⬆毛色●セーブルティックドタビー
性別●メス　年齢●11カ月

スコティッシュフォールド

Scotish Fold

垂れ耳ネコは被毛もすばらしい！

アメリカンカールは後ろに反り返っていますが、こちらは前垂れの耳。イギリスで偶然発見されたネコがルーツです。また、被毛も豪華。シルキーな手触りで体表に密生しています。性格は穏和。愛嬌たっぷりで、ほかのネコとも仲よしです。

おすすめ度 ★★☆

発生国●イギリス
特　徴●前方に折れた耳。丸みのある体形もかわいい。
性　格●穏和でマイペース。
手入れ●朝夕1回ずつのブラッシング。

毛の長さ	大きさ	鳴き声	運動量	食事量
短い	3~5kg	ふつう	ふつう	ふつう

参考価格 120,000~200,000円

飼い方のポイント 激しく動く品種ではないので、特別な運動はそれほど必要とはしない。飼いやすいネコで、他品種との同居も問題ない。

←
毛色●クリーム
マッカレル
タビー
性別●メス
年齢●1歳

頭 頬やアゴがふっくらで、しっかりした丸い顔。

目 大きく、見開いているように丸い目。色は被毛に準ずる。

→
毛色●ブラウンマッカレルタビー＆ホワイト
性別●オス
年齢●4か月

←毛色●トータシェル＆ホワイト
性別●メス
年齢●4カ月

被毛 密度が高い。シルキーで柔らかく、弾力性がある。

体形 筋肉質で、ころころとした堅固なセミコビータイプ。

↓毛色●ブルーマッカレル＆ホワイト

ソマリ

Somali

アビシニアンがさらにエレガント。

ノーブルな顔だちが人気のソマリは、アビシニアンの長毛版。ティッキングされた豪華な被毛をのぞけば、すべてアビシニアンといっしょ。運動神経も抜群ですが、半面、人見知りで、狭い所やうるさい場所は苦手です。澄んだ声もかわいい。

おすすめ度 ★★★

発生国●イギリス
特　徴●ティッキングされた被毛。
性　格●甘えん坊な半面、人見知り。
手入れ●ブラッシングとコーミングを1日1回ずつ。

毛の長さ	大きさ	鳴き声	運動量	食事量
長い	3～5kg	ふつう	やや多い	ふつう

参考価格 120,000～200,000円

頭 くさび形で、正面、横顔ともに丸みがある。

目 大きなアーモンド形。

体形 筋肉質で引き締まった、スリムなフォーリンタイプ。

被毛 柔らかいダブルコートで、10色以上のティッキングが。

飼い方のポイント 神経質なネコなので静かな場所で飼うこと。ほかのネコとの同居は難しい。特に他品種とは関係がいまひとつ。

⬆
毛色●ソレル
性別●ニューター（去勢したオス）
年齢●6カ月

毛色●シルバーソレル
性別●オス
年齢●6カ月
⬇

⬅
毛色●ソレル
性別●ニューター（去勢したオス）
年齢●1歳

⬇毛色●ルディー　年齢●3カ月

ノルウェジャンフォレストキャット
Norwegian Forest Cat

大きいのに俊敏。ペットにも最高。

厳寒の地ノルウェーの大自然に生まれたのがノルウェジャンフォレストキャット。太い骨格、俊敏に動かす四肢、水を弾く分厚い被毛、引き締まったアゴや発達したポウなど、狩人としての資質は健在。性格はおとなしく、人間とも仲よしです。

おすすめ度 ★★★

発生国●ノルウェー
特　徴●敏捷で身体能力が高い。
性　格●繊細でおとなしい。
手入れ●朝夕1回ずつのブラッシングとコーミング。

毛の長さ	大きさ	鳴き声	運動量	食事量
長い	3.5~6.5kg	やや静か	ふつう	多い

参考価格 120,000~200,000円

飼い方のポイント 成長が遅く完成まで3~4年ほどかかるので、高カロリー・高タンパク質の食事をあたえる。高低差を使い、たっぷりと運動させる。

頭 やや平たい三角形の顔。引き締まったアゴ。

目 大きなアーモンド形。色は被毛の色に準ずる。

体形 強靭なロング＆サブスタンシャルタイプ。胸板が厚い。

被毛 硬めのオーバーコートと、柔らかなアンダーコートのダブルコート。

⬆毛色●ブラウンマッカレルタビー＆ホワイト

バーミーズ
Burmese

慈悲深いネコは鳴き声も静か。

アメリカでとても人気の高いネコです。サテンのような光沢のある被毛が大きな特徴。かつてのビルマでこのネコを発見したアメリカ人医師は、被毛のみごとさに驚き、想わず連れ帰ったといいます。鳴き声が静かで、「慈悲深いネコ」の異名も。

おすすめ度 ★★★

発生国●ミャンマー
特　徴●体のあらゆる部分に丸みが。
性　格●お茶目でコケティッシュ。誰にでもすぐなつく。
手入れ●1日1回のブラッシング。

毛の長さ	大きさ	鳴き声	運動量	食事量
短い	3~5.5kg	静か	やや多い	やや多い

参考価格 100,000~200,000円

飼い方のポイント 高カロリー・高タンパク質の食事をあたえる。筋肉質だから、しっかりと運動させる。他品種との同居は避けたほうがよい。

頭 中くらいの丸い顔部。頭、鼻、アゴが丸く、愛嬌たっぷり。

目 丸い目はやや離れてついている。色はゴールドのみ。

体形 全体的に丸みがあり、胸板の厚いコビータイプ。

被毛 密生した短い被毛は、手触りがよく、サテン地のよう。

⬆毛色●セーブル
性別●メス　年齢●6カ月

ヒマラヤン

Himalayan

シャムとペルシャが合体。

ペルシャにブルーの瞳とポイントがあったら…そんな願いから生まれたのがヒマラヤン。シャムとペルシャをもとに誕生。瞳とポイントはシャム、体のつくりはペルシャゆずりです。性格はペルシャ似で、穏和で控えめ。立ち居振る舞いも優雅です。

おすすめ度 ★★★

発生国●イギリス
特　徴●ペルシャと同じ性格と体格。
性　格●おだやかで物静か。
手入れ●朝夕2回ずつのブラッシングとコーミング。

毛の長さ	大きさ	鳴き声	運動量	食事量
長い	3~5.5kg	やや静か	ふつう	ふつう

参考価格 100,000~200,000円

頭 丸くて広い。横から見ると額、鼻、アゴの高さがほぼ同じ。

目 丸く大きい目は、サファイアブルーの1色。

体形 中型から大型の典型的なコビータイプ。

飼い方のポイント 被毛のために十分な栄養を。ネコが望んだら、適度に運動させる。朝と夕方、2回ずつのブラッシングとコーミングを忘れずに。

被毛 なめらかな手触り。密度の高い豪華なダブルコート。

←
毛色●シールポイント
性別●オス
年齢●11カ月

ペルシャ

Persian

瀟洒《しょうしゃ》な外観とおだやかな性格。

いわずと知れたネコ界の帝王。おしゃれでエレガントな被毛は、光沢がありシルクのような手触りです。胸から首にかけての豪華な飾り毛が、さらなるすばらしさを演出してくれます。性格は優雅な外見同様おだやか。発情期でさえも静かなのです。

おすすめ度 ★★★

発生国●アフガニスタン
特　徴●扁平顔。豪華な被毛。
性　格●おだやかで物静か。
手入れ●朝夕2回ずつのブラッシングとコーミング。

毛の長さ	大きさ	鳴き声	運動量	食事量
長い	3~5.5kg	やや静か	やや少ない	ふつう

参考価格 120,000~200,000円

飼い方のポイント 被毛のために十分な栄養を。ネコが望んだら、適度に運動させる。朝と夕方、2回ずつのブラッシングとコーミングを忘れずに。

頭 幅の広いドーム形。ふっくらとしたほお。扁平なプロフィール。

目 きょとんとしたような大きく丸い目が、やや離れてつく。

被毛 長く豪華でつやがある。カラー&パターンは30以上。

体形 骨太で筋肉ががっしりとした、典型的なコビータイプ。

↑毛色●ブラウンクラシックタビー
性別●メス
年齢●4カ月

マンチカン
Munchkin

ダックスフントのような手足。

チョコチョコと歩く姿はまるでダックスフント。名前の由来も「短縮」といった意味の言葉から。四肢は短くても、ジャンプや着地、木登りもできるし、運動能力に問題はありません。性格は陽気で外向的。好奇心旺盛で、遊ぶのが大好きです。

おすすめ度 ★★★

発生国●アメリカ
特　徴●ダックスフントのように極端に短いユニークな四肢。
性　格●陽気で愛らしい性格。
手入れ●1日1回のブラッシング。

毛の長さ	大きさ	鳴き声	運動量	食事量
短い	3~5kg	ふつう	多い	やや多い

参考価格 150,000~200,000円

➡ 毛色●レッド スポッテッドタビー
性別●オス
年齢●4カ月

飼い方のポイント 高カロリー・高タンパク質の栄養食をあたえる。活発なので運動をよくさせる。他品種との折り合いがよく、同居も問題ない。

頭 丸みを帯びた中くらいの頭に、愛らしい三角形の耳がつく。

目 かすかにつり上がった、くるみ形の大きな目。

体形 頑丈な骨格と、発達した筋肉を持つセミコビータイプ。

被毛 シルキーな被毛が、細かく豊富に生えている。

メインクーン
Maine Coon

性格のよさとワイルドなルックス。

メインクーンは、アメリカ土着の短毛種と外国から渡ってきた長毛種との間に生まれたネコがルーツ。分厚い被毛や逞しい肉体が、そうした歴史を感じさせてくれます。性格はルックスとは対照的にいたっておだやか。ペットにおすすめのネコです。

おすすめ度 ★★★

発生国●アメリカ
特　徴●厚い被毛と強靭な肉体。
性　格●好奇心が強く、おだやか。
手入れ●朝夕1回ずつのブラッシングとコーミング。

毛の長さ	大きさ	鳴き声	運動量	食事量
長い	3~6.5kg	ふつう	やや多い	多い

参考価格 150,000~200,000円

飼い方のポイント 高カロリー・高タンパク質の食事。生後4~8カ月にかけて、朝食と夕食の間にボリュームのあるおやつをあたえる。運動も多く。

頭 中型の顔で、たくましいマズルと引き締まったアゴ。

目 卵形でつり上がった大きな目が、やや離れてついている。

体形 大きく長いロング&サブスタンシャルタイプ。

被毛 ダブルコートで、硬く量も多い。胸にはフリルが。

⬆毛色●シルバークラシックタビー　性別●メス　年齢●4カ月

ラグドール
Ragdoll

マンション飼いに断然おすすめ！

ぬいぐるみのようにかわいらしいのに、10kg近くになるネコもいるのだとか。自慢はシルキーなふわふわの被毛。性格もおだやかで、抱かれてもぬいぐるみのようにじっとしています。鳴き声も静か。マンション飼いにはおすすめしたいネコです。

おすすめ度 ★★★

発生国●アメリカ
特　徴●大きくかわいらしい体形。
性　格●やさしい性格。鳴き声も静か。
手入れ●朝夕1回ずつのブラッシングとコーミング。

毛の長さ	大きさ	鳴き声	運動量	食事量
長い	3〜7kg	ふつう	ふつう	やや多い

参考価格 120,000〜200,000円

頭 丸みのある中くらいの顔。額は平坦でなだらか。

目 やや離れてついた卵形で、つり上がっている。

飼い方のポイント 高カロリー・高タンパク質の食事をあたえる。高低差のある登り木などを使い、たっぷりと運動をさせる。

被毛 ダブルコートの被毛は、ふわふわのシルキータッチ。

体形 胸板の厚い大きなロング&サブスタンシャルタイプ。

⬆毛色●シールポイントバイカラー　性別●メス　年齢●8カ月

ロシアンブルー
Russian Blue

神秘的に輝くブルーの被毛

優雅なスタイル、輝く被毛、物静かな雰囲気など、高貴さが漂うロシアンブルー。17世紀にロシアからイギリスに渡ったネコが始まり。ブルーに輝く被毛は絶品で、輝きながら密に生えています。性格はとても内気。めったに大声を発しません。

おすすめ度 ★★★

発生国●イギリス
特　徴●柔らかい絨毯《じゅうたん》のようなブルーの被毛。7面体の頭。
性　格●内気で物静か。
手入れ●1日1回のブラッシング。

毛の長さ	大きさ	鳴き声	運動量	食事量
短い	3〜5kg	静か	ふつう	ふつう

参考価格 150,000〜200,000円

飼い方のポイント 敏感な性格なので、静かな環境で生活させる。ほっそりとしたタイプなので、過食をさせない。登り木などを使い、よく運動を。

頭 横からだと、コブラが鎌首を持ち上げたように見える。

目 楕円形でややつり気味。色はグリーン。

被毛 密に生え、細く柔らか。シルクのような手触り。

体形 ほっそりとしたフォーリンタイプ。

⬆毛色●ブルー　性別●オス　年齢●11カ月

Part 6

ネコとの楽しいお出かけ＆お留守番

ネコはおうちが好きだから、本当は留守番がいい。
でも、たまにはお出かけもいいかな？
神経質になりがちなネコちゃんを、外へ連れ出すにしても
留守番させるにしても、気をつけたい点があります。

LESSON 1

ネコとお出かけ

いっしょに散歩やドライブを楽しむ

多くのネコは環境の変化が苦手。
出かけるより留守番のほうが好きです。
ですから、ネコとの外出には
さまざまな準備と心がけが必要です。

散歩・買い物

まずはキャリーバッグに慣れさせて。外出先ではバッグから出さないこと。

ネコが外をぼんやり眺めている姿を見て、「本当は外を歩きたいに違いない。閉じ込めてしまってかわいそう」と思っている飼い主が多いようです。でも、もともと室内飼いのネコなら心配無用。外の世界に興味は持っても必ずしも外出を望んでいるとはかぎりません。

散歩中も同様で、ネコをキャリーバッグに入れて飼い主が歩くだけで十分。ネコはバッグの中で散歩を楽しむことができます。普段からキャリーバッグに慣れさせておきます。

買い物などに連れていく場合は、においや鳴き声で周囲の人に迷惑をかけないよう、バッグに布をかけるなど工夫をしましょう。

POINT！ ネコには外を歩かせない

室内飼いのネコを外に出すのは、わざわざ危険にさらすようなもの。ノミがついたり寄生虫に汚染されたものを口にしたり、ケガをしたりさせないためにも、ネコに外を歩かせるのはやめましょう。

←事故、ノミ、寄生虫…。ネコの外出には危険がつきもの。

車に乗せるまで

食事、トイレをすませ、念のためリードをつけキャリーバッグへ。

ネコを連れて外出するときは、急いで連れ出すのは禁物です。時間に余裕を持って準備をし、食事とトイレは必ずすませておきます。

バッグを開けた瞬間に逃げてしまうこともあるので、念のため首輪とリードをつけ、使い慣れたキャリーバッグに入れれば準備完了。車まで静かに運びます。

自家用車は便利で快適。窓を閉めて安全運転を。

車の中

好きな場所に座らせる。窓を閉め、4時間ごとに休憩＆運動を。

自家用車の中なら、ネコをバッグから出してOK。ネコがリラックスできる場所に座らせ、安全運転でドライブを楽しみましょう。走行中は窓を閉め、長距離の場合は4時間くらいを目安に休憩を入れて、ネコも飼い主も少し運動して体をほぐします。

ネコを残して外に出るときは窓を少し開けてから。

車酔いが心配なネコは6〜7時間前から食事を控えて。

散歩・ドライブ用グッズ

●カート

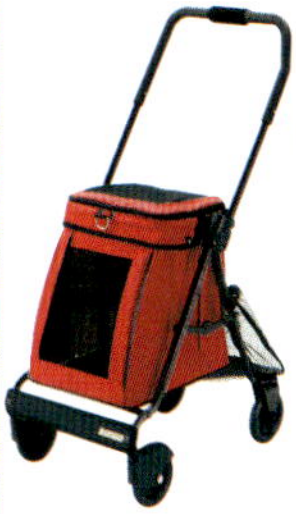

近所へのお出かけや買い物などに便利。Ⓐ

●キャリーバッグ

手持ちも可、肩からも提げられる両用型。Ⓑ

●リュック形キャリーバッグ

声をかけやすく、様子もわかりやすい安心型。Ⓑ

●携帯トイレ

旅行やドライブに携帯できます。Ⓒ

●ニューサイクルバッグ

自転車に取りつけて、サイクリングを満喫。Ⓓ

●テント

アウトドア派に。紫外線も防止。Ⓔ

Ⓐマルカン Ⓑドギーマンハヤシ Ⓒアイリスオオヤマ Ⓓボンビアルコン Ⓔ東京ペット

LESSON 2

ネコとの旅行

ネコ連れのバカンスを快適に

ネコといっしょに旅行をするにはそれなりのノウハウが必要。準備段階からホテルでの過ごし方、便利グッズなどお役立ち情報を紹介します。

出かける前の注意

いきなりの遠距離旅行は避けて。子ネコ、老ネコは体調を万全に。

変化を嫌うネコに旅行をさせるためには、予行演習が不可欠。自宅にいるときからキャリーバッグで遊ばせ、近所の散歩からちょっとしたお出かけ、乗り物での移動などに少しずつチャレンジしていきます。バカンスはネコの体調のよいときに。特に、子ネコや老ネコには無理をさせないよう気をつけましょう。

ネコのツメは凶器。出かける前に必ず切ります。

旅行に持っていくとよいもの

キャリーバッグ

持ちやすさが大事。中に毛布などを敷きます。

キャットフード・食器

体調管理の面からも食事は慣れたものが一番。

首輪・ハーネス

連絡先を記入し、外出先では必ず装着。

水・水筒

新鮮な水を水筒に入れ、移動中にあたえます。

トイレ・砂・消臭スプレー

においのついた砂を混ぜておくとネコも安心。

グルーミング用品・毛取りブラシ

チェックアウト前に毛取りブラシで掃除。

ツメとぎ器

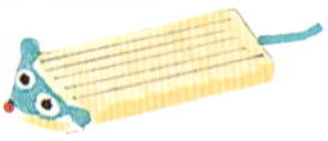

ホテルでガリガリやられないためにも絶対必要。

トイレシート・ビニール袋など

粗相予防、食べ散らかし防止などに便利。

ホテルの下調べ

「ペット同伴可」が条件。入室や食事の規則、料金は電話で事前に確認を。

バカンスの日程が決まったら、宿泊先を探します。その際、必ずペット同伴可のホテルを選ぶこと。まだまだ動物を持ち込めない施設も多いので要注意。また、ペット同伴可の場合、客室にいっしょに泊まれるのか、ネコの食事はどこでするのか、ペット専用施設があるのか、料金は？　などを事前に確認しておくと携行品などにむだがなく便利です。

現地に着いたら

落ち着くまではバッグの中に入れておく。行動はネコのペースに合わせて。

ネコは、落ち着くまではキャリーバッグの中に入れておきます。むやみに人込みに入ったり、他人と接触したりすることは避けます。

バッグから出すときは首輪とリードをつけ、飼い主が抱いて歩くようにします。放すのは自家用車の中とホテルの室内などプライベート空間のみ。旅行は飼い主のペースではなく、あくまでネコのペースを重視してください。

←ネコがバッグの中にいたがるときは無理に出さない。

POINT！ キャリーバッグの中はこうすると快適

おもらし防止にトイレシートを敷き、愛用の毛布類を重ねる。冬はペット用カイロを入れて暖房を。

乗り物利用のポイント

電車 不安なネコにときどき声をかける。

キャリーバッグは小荷物扱い。鉄道会社によって大きさ、重さの基準があり、料金が決まっているので事前に問い合わせを。バッグは床に置き、ときどき声をかけて。

バス キャリーバッグは足下に置く。

料金は会社によってまちまち。深夜バスはペット不可が多いので注意。最後列の席などほかの乗客が歩かない場所に乗り、足下にバッグを置くと迷惑になりません。

タクシー 通常、追加料金はかからない。

乗る前にネコ連れであることを運転手に告げ、了解を得ること。飼い主とともに後部座席に乗り、バッグはシートの上か床に。一般的に追加料金はありません。

飛行機 客室内は無理。貨物室預かりに。

海外の場合はネコが入国できない場合もあるので事前確認が必須。国内線ではネコは超過手荷物扱いで、各航空会社が定めた運賃が必要。飛行中は貨物室預かり。

LESSON 3

ネコの留守番

飼い主が安心して外泊できるように

ネコは意外に留守番上手。でも、食事やトイレの確保、ペットシッター、ペットホテルの利用などポイントを押さえた準備が必要です。

ひとりでお留守番

2泊以内ならひとりでもへっちゃら。ネコを信じて出かけてみよう。

ネコは単独行動を好む動物。少しくらいひとりっきりにしても孤独感に襲われたりしません。住み慣れた自宅はネコにとって最も安心できる場所。食事やトイレを準備しておけば、1～2泊以内なら留守番させてもOKです。ただ、それ以上長くなる場合は大事をとってペットホテルなどに預けましょう。

POINT！ 留守番電話で飼い主の声を

留守番がはじめてのネコや、甘えん坊のネコには、留守番電話を通して飼い主の声を聞かせてあげて。それだけでもネコはとても安心します。

留守番で用意しておくこと

水	きれいな水をたっぷり用意します。ネコが先をなめると水が出るタイプのボトルならより衛生的。
キャットフード	ドライフードが傷みにくくて便利。食べた分のエサが補給される装置などを利用してみては。
トイレ	ネコは汚いトイレが嫌い。複数のトイレを準備するか、自動的に掃除できるトイレを使います。
室温	夏はクーラー、冬はペット用ヒーターなどの電源を入れて外出を。室温は24～25℃をキープ。
危険回避	人間用トイレや浴槽のふたはきちんと閉め、花瓶や時計など落ちると危険なものは床に下ろします。

知人などが様子を見に来る

エサとトイレの世話が重要。遊び相手になってくれればなおグッド。

飼い主の外泊が3泊以上になっても自宅で留守番させたい場合は、知人やペットシッターなど信頼できる人に自宅の鍵を預け、ときどき様子を見に来てもらいましょう。その際には、エサと水を新鮮なものに替え、トイレもきれいにしてもらうのが基本。ネコじゃらしなどで少し遊んでもらえればより安心です。

留守を頼んだ人にときどき電話をすればおたがい安心。

ペットホテルに預ける

サービス内容、補償条件などを吟味して選ぶ。健康が心配なら動物病院。

長期間留守にする場合はペットの専門家に預けるほうが安心。ペットホテルにもいろいろあるので、サービス内容（食事、運動など）、衛生状態、事故などがあった場合の補償条件などを事前に調べ、納得できるところを選びます。健康状態に不安があるネコの場合は、信頼できる動物病院に預けましょう。

ペットホテルの情報は普段から要チェック。

ネコの留守番グッズ

● **自動給餌器**

タイマー機能で、留守中も決まった時間に食事をさせます。3食まで対応。Ⓐ

1.5リットルのタンク内の水が浄化されて循環。新鮮な水が飲めます。Ⓑ

● **自動トイレ**

ネコがトイレを終えると自動的に汚物を処理。留守の間も清潔に過ごせます。Ⓑ

Ⓐ東京ペットⒷ高橋物商

CHECK! 留守中のネコのごはんはこれでOK

外出時の悩みを解決してくれるのが、遠隔操作可能な自動給餌器。携帯電話やパソコンからの指示で給餌器が作動。カメラ内蔵なので、ペットがエサを食べる様子を見ることもできます。詳細はNTT-ME ☎03-5956-9602まで。

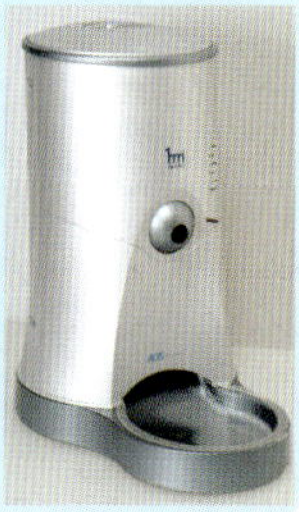

帰宅後はネコの食欲や行動をよく観察します。

LESSON 4

ネコとの引っ越し

ストレスをあたえないやさしい引っ越し術

引っ越しは、ネコにとっても一大事。パニックにならないよう安全を確保し、たっぷりの愛情で包みながら行います。

引っ越し準備

部屋の模様替えだけでも不安になるネコ。荷造りは時間をかけて。

ネコは模様替えをしただけでも粗相をしたり、家出をしたりする可能性のある、とてもデリケートな動物。ですから、引っ越しはネコにとって、人間の何倍も大変なものなのだという点を理解しておくことが大切です。引っ越しが決まったからといって突然ドタバタと片づけ始めるのではなく、荷造りはなるべくゆっくり、時間をかけて行いましょう。

引っ越し前はなるべくネコといっしょに過ごしましょう。

安全を確保して自由に遊ばせる。声をかけストレスをやわらげる。

引っ越し準備を始めると、ネコは家の中の異変に気づき神経質になります。ふとした瞬間にサーッと逃げてしまうこともあるので、ドアの開閉には注意します。また、ネコのそばで物を落とすのは危険です。作業は慎重に行い、安全を確保したうえでなるべく自由に遊ばせます。頻繁に声をかけるなど、ネコの不安をやわらげる工夫を。

←ネコの存在を意識して、慎重に引っ越し準備。

引っ越し当日

朝からキャリーバッグに入れ危険回避。ネコだけ先に引っ越しさせてもOK。

見知らぬ引っ越し業者が荷物をつぎつぎに運び出す様子はネコにとって恐怖。引っ越し当日はネコが逃げ出すのを防ぐため、そしてネコが危険にさらされるのを防ぐために、朝からキャリーバッグに入れておきましょう。可能なら、ネコを早朝か前日に先に引っ越しさせ、誰かがそばについていると安心です。

いざというときのため首輪に迷子札をつけておく。

移動中

食事とトイレをすませキャリーバッグへ。仲のよい人のそばに置き移動。

ドライブのときと同様に（P.139参照）、出発の6～7時間くらい前に食事をさせ、トイレもすませておきます。キャリーバッグに入れたネコは、普段ネコと一番仲よくしている人のそばに置き、ときどき名前を呼ぶなど声をかけながら移動します。

キャリーバッグにはネコのおもちゃなども入れて。

当日はキャリーバッグから出さないほうが無難。

CHECK! **迷子になったら「張り紙」が有効**

いなくなった直後は半径500m以内にひそんでいる可能性大。少し落ち着いたころ、特に夕方から夜にかけて名前を呼びながら探します。保健所への連絡も忘れずに。ネコの特徴と連絡先を書いた張り紙も有効です。見つけても無理につかまえず、エサや使用ずみの砂を置くなどしてネコを誘います。

必ずキャリーバッグで移動を。こうしたかごは飛び出してしまう危険が。

新居へ到着後

落ち着くまでバッグ内に待機させる。小さな部屋をあたえるのも手。

新居に着いた瞬間、ネコをいきなり放すのは無謀。引っ越し作業がひととおり終わるまではキャリーバッグに入れたままにします。ときどき様子を見て声をかけます。浴室や小さな部屋をひとつ先に片づけ、締め切ってネコを待機させるのも方法。いつも使っているトイレ、ベッドなどを置いてあげましょう。

ネコの愛用品は引っ越し後すぐに出してあげて。

POINT ! **ご近所への挨拶を欠かさない**

引っ越し先での近隣トラブルを避けるためにも、最初にきちんと挨拶に出向き、ネコがいることを伝えておきましょう。マナーを守り、迷惑をかけずに飼うことが近所の理解を得る近道です。動物好きのお隣さんなら、ネコを通して親しくなれるかもしれません。

ネコを新居に放すのは、作業が終わってから。

引っ越しのあと

ネコを自由にさせて、甘えてきたら目いっぱい相手をしてあげます。

子ネコをはじめて連れてきたときと同様に(P.54参照)、やさしく見守りながら家の中を自由に探検させます。しきりににおいをかいだり、隅にもぐったりしてもそっとしておきます。

しばらくはネコといっしょにいる時間をなるべく多く持ち、甘えてきたらなでたり遊んだりしてあげましょう。

家具の配置が元どおりだとネコが安心することも。

←ナーバスになっているネコ。愛情で癒してあげて。

Part 7

ネコのケガと病気のチェック

かわいがっているネコが、ケガをしたり
病気で苦しむなんて、考えたくないし、考えられない！
でも、どのネコにもその可能性があるのも事実です。
そのときがきたら、あわてない！　これが大切です。

LESSON 1

健康診断と予防接種

年に1回は病院で健康チェック

見た目は元気でも体の中は未知の世界。年に1回の健康診断と予防接種は必須。かかりつけの病院があれば安心です。

健康診断

病気の有無だけでなく心身の成長もチェック。日ごろの不安も解消。

健康なネコの健康診断は年1回が目安。人間でいえば4～5年に1回といったところ。ガンなどの内臓の病気や、糖尿病、腎臓病などにかかっていないか、歯や歯肉は健康か、体格が年齢相応か、精神的に安定しているかなど、全身を調べます。

日ごろネコと過ごしていて気になることがあれば、なんでも聞いてみましょう。専門家ならではのアドバイスが得られるので、ノートとペンを持参し、獣医の言葉をメモしておくとあとで参考になります。

毎年、健康診断日を決めておくと忘れません。

POINT！ 病院へ連れていくときの4ポイント

キャリーバッグに入れて。目隠しすると安心。

落ち着かなければ全身をくるみ抱えて運ぶ。

付き添いはネコの状態がよくわかる人が担当。

暴れて獣医にケガをさせないようツメを切る。

予防接種

**命にかかわる病気を予防。
風邪がはやる前、
体調のよい時期に受ける。**

現在、ワクチンのあるネコの病気は主に5種（表参照、上の3つは混合ワクチン）。中には短期間に死に至る病気もあり、ネコの健康維持には予防接種は不可欠です。ワクチンは生後2カ月と3カ月の2回受け、その後は1年に1回受けるのが一般的。接種の時期は、風邪などの感染症がはやる冬の前がベスト。秋の1日、体調のいい日を見て受けます。

注射はちょっとチクッとするだけ。

予防ワクチンのある病気

ウイルス性鼻気管炎	感染後3～4日で元気がなくなり、鼻水、くしゃみ、よだれが出る。多くは2～3週間で治るが、衰弱すれば死に至ることも。
猫カリシウイルス感染症	風邪の一種で症状は猫ウイルス性鼻気管支炎に似ている。悪化すると舌や唇の潰瘍《かいよう》も伴う。放置すると肺炎に移行、死に至る。
猫伝染性腸炎	猫汎白血球減少症ともいう。感染ネコの排泄物などからうつり、白血球が極端に減少。4～5日で命を落とすケースも。
猫白血病ウイルス感染症	ネコの白血病。歯肉の腫れや口内炎ができ、食欲がなくなる。感染ネコとなめ合うだけで感染。子ネコほど重症化しやすい。
猫クラミジア感染症	くしゃみ、鼻水など風邪に似た症状が主。ワクチン接種は始まったばかりなので、動物病院に問い合わせて予約を。

子ネコの健康チェック

3週目以降	駆虫（時期については医師と相談を。また、市販の駆虫剤はおすすめできない）。
2カ月目	1回目のワクチン接種。歯の噛み合わせ検査。
3カ月目	1回目から3～4週おいて2回目のワクチン接種（以降は年1回）。検便を行う。
5～6カ月	発情前（個体差がある）に去勢・避妊手術を受ける。ノミの有無を検査する。

どんなに元気なネコでも予防接種は必要です。

LESSON 2 主治医を見つける

よい動物病院の探し方とかかり方

ネコのことをなんでも相談できるホームドクターを持っていると、なにかと安心。ベテラン飼い主からの情報などを頼りに、信頼できる獣医を見つけましょう。

近所の病院から選ぶ

定期健診から突然のケガ、発病まで、通いやすい動物病院がネコを救う。

ネコが病気やケガをしたときには迅速な対応が不可欠。そのためにも、ホームドクターは自宅から近い場所に確保すべきでしょう。近所なら通院が必要なときも楽。健診など、定期的な利用もしやすいので便利です。

獣医は、近所であるほか、ネコに関する知識が豊富、きちんと説明してくれる、といった条件を目安にすると選びやすいでしょう。

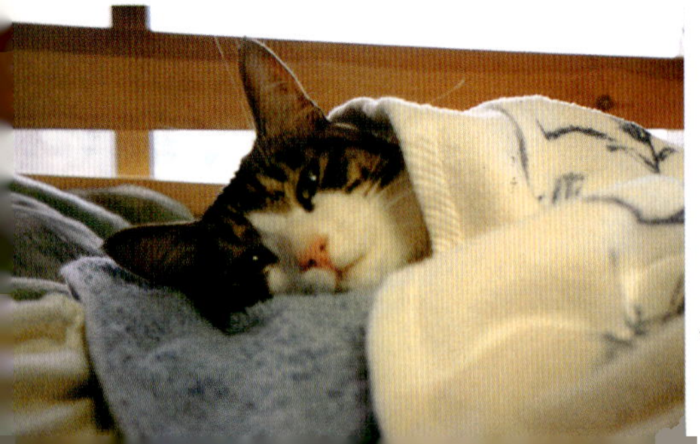

よい獣医の条件

1. 知識が豊富で、ネコをよく理解している。
2. 飼い主の話をよく聞いてくれる。
3. わかりやすく説明してくれる。
4. 院内が清潔で管理が行き届いている。
5. 治療費が明確である。

口コミ情報を重視。ネコを飼ったことがある獣医ならなお安心。

動物病院や獣医の善し悪しを判断するのは簡単なことではありません。そんなとき、頼りになるのが口コミ。ネコを飼っている人からの情報はなにより信頼性が高いのです。地域のペットショップの意見も無視できません。とにかく複数の人に聞いてみて、総合的に判断しましょう。獣医自身がネコを飼っていれば、ネコへの理解がより深いので安心です。

←ホームドクターの善し悪しがネコの健康を左右する。

病院へ行く前に

キャリーバッグや抱っこに慣れさせておく。病院は怖いと思わせないこと。

動物病院を上手に利用するためには、なによりおとなしく診察を受けられるネコを育てておくことが重要。普段からキャリーバッグに親しんだり、抱っこに慣れさせておくと病院でパニックを起こしにくくなります。ネコに「病院は怖い」と思わせないためにも、定期健診などで獣医とふれ合う機会を持ちましょう。飼い主はネコをよく観察し、聞かれたことにすぐに答えられる準備をしておきます。

症状を言葉にできないネコ。飼い主の観察が大切。

病院では

マナー厳守。待合室ではネコをキャリーバッグから出さない。

病院に着いたら受付をすませ、待合室で静かに待ちます。指示があるまで、ネコは絶対にキャリーバッグから出さないこと。むやみに放すと逃げて暴れ、診療のじゃまになったり、ほかの動物から病気をうつされたりする可能性があり危険です。診察室では、飼い主は必要に応じてネコの体を押さえたり、声をかけたりします。獣医の話をよく聞き、わからないことはきちんと確認しましょう。

緊急時には落ち着いて

「まずは病院へ」は間違い。電話で獣医の指示を受け適切に対処。

ネコの急病やケガのとき、あわてて病院に駆けつけるのは考えもの。ネコの自然治癒力で治せるケース、病院へ行くまでの間に悪化しそうなケースなど、電話で獣医の指示を受け、飼い主が対処したほうがよい場合も多々あります。飼い主は緊急時ほど落ち着いて対応するよう心がけましょう。来院をすすめられたら、時間と大まかな料金を確認。ネコをキャリーバッグに入れて静かに病院に運びます。

薬の飲ませ方・つけ方

粉薬

エサに混ぜたり、バターで練って口につけます。

目薬

まぶたを押さえ、頭の後方からさします。

錠剤

舌の根元近くに薬を置き、のどをなでます。

耳薬

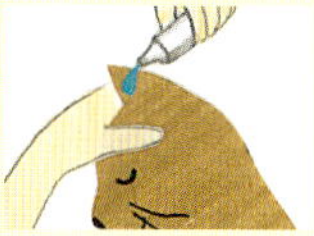

耳中に薬を落とし、耳の後ろを軽くもみます。

水薬

スポイトかスプーンで口角に注入します。

軟膏

薬をなめないようエリザベスカラーを。

POINT !

症状の説明はわかりやすく

いつから、どのような症状があるのか、獣医にはっきり伝えます。事前にメモしておくとスムーズです。

LESSON 3 病気の発見

早期発見は飼い主の毎日の観察から

ネコは我慢強いうえ、痛いとか苦しいなどといえません。
小さな異変に気づいてあげられるのは飼い主だけ。
愛情こもった観察で早期発見を心がけましょう。

毎日のチェック

健康なときの体温、呼吸数、脈拍数を知ろう。
様子の変化に注意して。

食欲旺盛なネコが食べない、暖かい場所が好きなのに冷たい廊下に寝るといった変化は異常のサイン。なんとなく様子がおかしいとき、普段との違いをチェックするためにも平常時の体温、呼吸数、脈拍数を知っておくことが大切です。一般的にネコの平熱は38～39℃。呼吸は20～30回／分、脈拍は100～150回／分くらいです（測定法は右ページ参照）。

←ネコはかなり悪化するまで我慢してしまうので注意。

いつもと違う様子はない？

食欲をチェック

夏の食欲低下、むら食い以外の食欲不振は口や内臓の病気の症状。

排泄物をチェック

ただの下痢は様子を見て。血液や異物の混入があれば獣医を受診。

行動をチェック

冷たい床に寝る（発熱）、全身をかきむしる（ノミ）などは異常。

抱いて調べる

お腹のはり具合、しこりや傷の有無をチェック。異常があれば受診。

チェックするポイント

耳
汚れている においがある かゆがる

鼻
鼻血が出る 鼻汁が出る 鼻が乾く

目
瞬膜が出ている 白く濁っている 目を閉じている 涙が出る 目ヤニがひどい

のど
リンパ腺が腫れている 異音がする せきが出る

胸
呼吸が速い

四肢
けいれんしている

口
唇が腫れている 周囲に黒いブツブツがある 口臭がひどい よだれが出る

腹
膨らんでいる しこりがある

尿・便
下痢 便秘 頻尿 血尿 排尿がしづらい

皮膚
ふけが出る かゆがる 脱毛している 傷がある

その他
嘔吐がある 食欲がない 抱くといやがる 体が熱い 水をよく飲む

元気がないのは要注意

あらゆる病気の可能性。2～3日しても回復しなければ病院へ。

どんなネコだって、四六時中元気というわけにはいきませんから、ちょっと元気がないくらいなら心配無用です。ただ、2～3日ずっと元気がないままだったら要注意。なにかの病気にかかっている可能性があります。

長時間眠ったまま、エサを食べない、体が熱いなど、飼い主にわかる異常を伴う場合は特に慎重に。念のため獣医に相談し、アドバイスをもらって対処したほうが無難です。下痢や嘔吐がある場合は、排泄物や吐《と》瀉物《しゃぶつ》をよく観察して様子を伝えましょう。それらを持参するようにいわれる場合もあります。

体調チェック

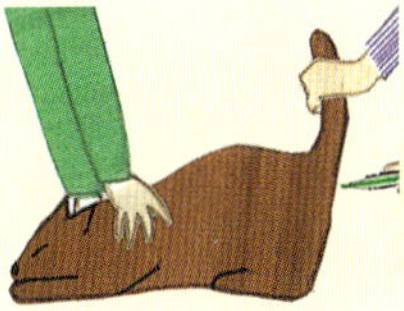

体温の測り方

尾を軽く持ち上げ、体温計を肛門に2～3㎝入れた状態で1分くらい測ります。

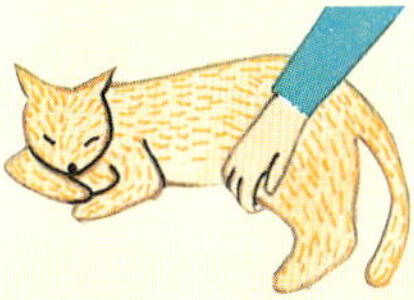

脈拍の測り方

後肢の内側の上部3分の1くらいのところにある静脈に、指を押し当てて測ります。

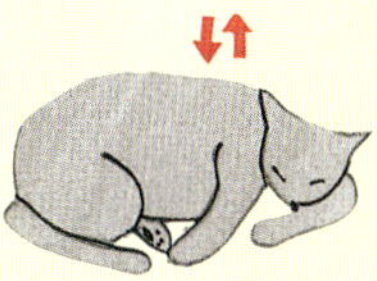

呼吸数の数え方

胸やお腹の動きを観察します。上がり下がりの往復を1回と数えます。

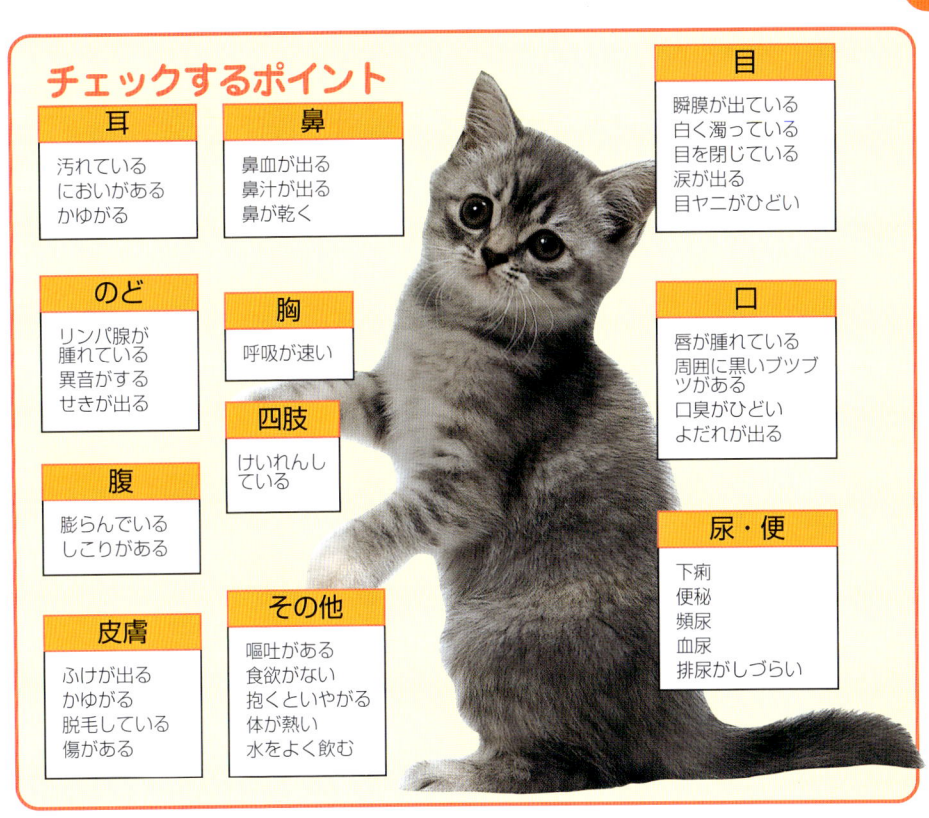

LESSON 4

病気の対処法

異変を感じたらすぐに主治医へ

目に見える症状の裏には重大な病気が隠されていることも。異変を感じたら早めにホームドクターに相談を。

症状とその対処

根拠のない楽観が悪化を招く。常に病気の可能性を意識して対処する。

ネコの病気を考えるときに忘れてはならないのは、ネコが人間の5～6倍のスピードで生きているということ。つまり、ネコの3日は人間でいえば2週間。もし、ネコが3日間ウンチをしなかったら、相当な時間、便秘になっていると考えてもよいでしょう。

人間の薬を飲ませるなど、素人療法は絶対に避けて。

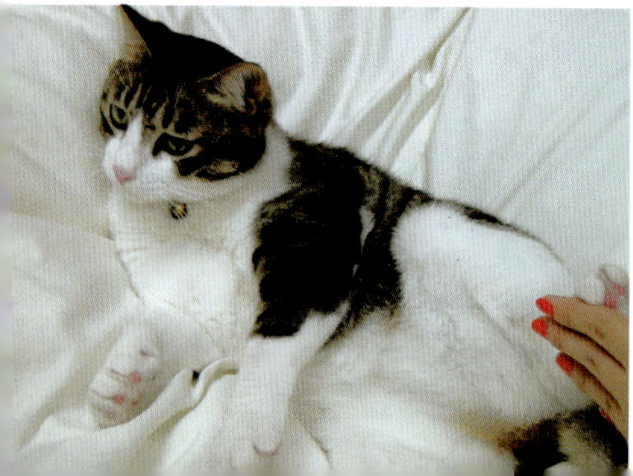

また、鼻水や微熱、お腹がはるなど、人間にとってはポピュラーな症状でも、ネコの場合はどんな病気にかかっているかわからないので、軽視してはなりません。

気になる症状がつづく場合は、獣医に相談を。どんなにじょうぶなネコでも病気になることがあるのです。このことを十分理解して、異変を敏感に感じ取り、迅速な対応を心がけましょう。

ネコの心の病は原因究明が先決

トイレ以外で排泄する、暴れる、過剰グルーミング、異食などは心の病のサイン。こんなときは原因を究明して取りのぞくことが一番大事。孤独が原因なら遊んであげる、模様替えが原因なら元にもどすなど、ネコの立場で考え、改善することが必要です。

吐く

血の混ざった吐瀉物は重大な病気のサイン!?

症状 食べすぎや毛玉を吐く以外の嘔吐で、1日中嘔吐を繰り返す、何日も嘔吐がつづく、吐いたものに血が混じる。

対処法 病院へ連れていく。吐いた時間（食前か食後かなど）、回数、吐く間隔、吐いたものの状態（液状、泡状、固形など）、食べものの消化具合などをチェックして、獣医に説明する。

食欲不振

歯や口の病気、ストレス、内臓疾患も心配。

症状 今まで食べていたものを急に食べなくなる、ほとんどなにも食べない日が2～3日以上つづく、発熱などを伴う。

対処法 転居など環境の変化のあとなら様子を見る。2～3日で元にもどればＯＫ。嗜好が変わることもあるのでエサを変えてみても。長引くなら虫歯、口内炎、内臓疾患などを疑い病院へ。

多飲多尿

糖尿病、腎臓障害など内臓疾患の可能性大。

症状 ネコが必要とする水の量（体重1kg当たり1日約40cc）と比べて異常に多量の水を飲む、大量の尿を排泄する。

対処法 下痢や嘔吐後、軽い日射病のときの一時的な多飲多尿は正常範囲。これ以外の場合、糖尿病、腎臓障害、子宮蓄膿症（メスのみ）などの可能性が。手遅れになる前に急いで病院へ。

下痢

消化器系疾患の代表的症状。早めに病院へ。

症状 1～3回下痢がつづく、何日も下痢をしている、便に血液や異物が混じっている、発熱を伴う下痢で元気がない。

対処法 1～3回の下痢ですめばあまり心配なし。ひと晩絶食し、翌日は消化のよいエサをあたえて様子を見る。熱があって元気がないとき、下痢が長くつづくときは便を持って病院へ。

便秘

習慣性なら食事改善、長引く場合は要受診。

症状 常に便秘気味である、便秘が2～3日以上つづく、便がまったく出ない状態が長くつづいている、お腹を触ると痛がる。

対処法 軽い便秘なら食事に油脂類（バター、マーガリン、サラダ油など）を混ぜる。習慣的な便秘は獣医などに相談し食事改善を。長引く場合、お腹を痛がる場合は動物病院へ。

尿が出ない

オスネコに多い。尿毒症になる前に治療を。

症状 尿量が極端に少ない、排尿のポーズをするのに尿が出ない、尿が出ないうえペニスが出たままになっている（オス）。

対処法 尿が出ない症状はオスに多く、尿路結石など泌尿器疾患の可能性が大。ペニスが体外に出たままになるのはとても危険な状態。尿毒症から死に至ることもあるので、大至急受診を。

口臭

口内炎など口の病気や消化障害の恐れが。

症状 ひどく臭い、いつもと違うにおいがする、歯茎の腫れやよだれを伴う、痛みを伴い食事が食べられない。

対処法 呼吸器伝染病の症状として、また口の中になにか刺さったことが原因で起こる口内炎が疑われます。歯槽膿漏なども心配。悪化して食事ができなくなる前に治療を受けて。

目ヤニ

鼻疾患の症状の場合も。ひどいときは即受診。

症状 涙や目ヤニが出る、両眼からひどい目ヤニが出ている、目ヤニがあって目が開かない、まぶたや眼球の傷を伴う。

対処法 症状が軽ければ2～3日様子を見る。回復すれば問題なし。両眼ともひどければウイルス性鼻気管炎の疑いも。傷が見られたり、目が開かないほどひどければすぐに獣医に見せる。

鼻水

粘っこい鼻水は特に注意。伝染病の可能性も。

症状 水っぽい鼻水にくしゃみを伴う、粘っこい鼻水がたまり鼻をふさいでいる、膿のような目ヤニ、よだれを伴う。

対処法 水っぽい鼻水とくしゃみは軽い鼻炎の症状。鼻水をふき取り、部屋を清潔に保つこと。粘りのある鼻水に目ヤニ、よだれを伴うのはウイルス性鼻気管炎で、獣医による治療が必要。

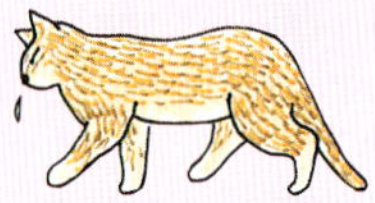

瞬膜が出る

神経の病気、ひどい疲労などが原因に。

症状 普段は目頭で縮んでおり、必要なときだけ目を保護するために出てくる瞬膜が、現れたまま引っ込まない。

対処法 ケガやストレスが原因で神経を病んでいるか、脱水症状を伴った下痢や病気による疲労症状の可能性が。まず獣医を受診。その後、栄養をつけ、体力回復を心がける。

かゆみ

人間にうつる可能性も。早めに獣医に相談を。

症状 頭を振り、耳をかきむしる、黒い耳アカを伴う、全身をかゆがる、かいたあとの皮膚に炎症が起こっている。

対処法 頭を振ったり耳をかくのは耳がかゆい証拠。黒い耳アカがあれば耳ダニの寄生を疑って。全身をかゆがるならノミやダニの寄生。人間にうつることもあるので治療は早いほうが無難。

よだれ

口の病気、全身の病気、薬物中毒の可能性。

症状 車に酔ってよだれをたらす、暑さに負けてよだれをたらす、口内炎など口の病気があってよだれをたらす。

対処法 乗り物酔いの場合は20～30分安静にし、日射病や熱射病では体や頭を冷やしながら病院へ。原因不明の場合はなにかの中毒を疑い、早めの受診を。口の中の傷などもチェックして。

脱毛

アレルギーやストレスの疑い。まず原因究明を。

症状 毛の抜けた部分があってかゆがる、円形脱毛症のようにはっきりしたハゲ、内股の毛がすり切れ皮膚がむけている。

対処法 かゆみを伴う脱毛はノミによるアレルギー性皮膚炎、円形脱毛症の原因はカビ。ともに要治療。内股の症状はストレス性の過剰グルーミングの疑いが濃厚。原因を突き止め改善を。

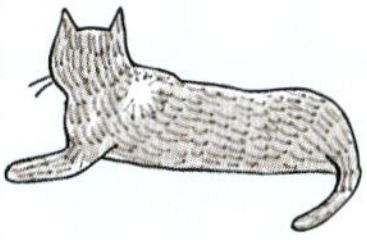

しこり

固さと痛みの有無が重要。一刻を争う場合も。

症状 お腹にしこりがあるが痛がらない、しこりが連続している、固いしこりがある、ぶよぶよしたしこりがある。

対処法 痛くないしこりは主に乳がん。手遅れになる前に病院へ。連続したしこりは青魚の過剰摂取による黄色脂肪症で食事改善が必要。そのほか傷の化膿の疑いも。獣医に相談を。

腹部のはり

便秘から腫瘍による腹水まで原因はさまざま。

症状 子ネコのお腹が膨らんでいる、妊娠していない成ネコのお腹が急に、あるいはだんだん膨らんでくる。

対処法 成ネコの場合、急にお腹が膨らむのはガスがたまっているか尿閉、だんだん膨らむのは伝染性腹膜炎、子宮蓄膿症、腫瘍による腹水などを、子ネコの場合は回虫を疑い病院へ。

熱っぽい

涙、下痢など発熱以外の症状は重要なサイン。

症状 普段は冷たい耳やしっぽの先まで熱い、体が熱くぐったりしている、涼しい場所、冷たい床に寝てしまう。

対処法 平熱である38～39℃を超える熱が出た場合は鼻水、くしゃみ、目ヤニ、よだれ、涙、下痢などの症状をチェック。これらがあれば重大な病気の危険性も。早めの受診が必要。

抱くといやがる

ケガや病気による痛みを感じているのかも。

症状 いつも抱かれたがらない、飼い主が抱こうとしてもいやがりうずくまる、特に耳の周辺を痛がる、腹部を痛がる。

対処法 いつも抱かれるのをいやがるのはネコの性格。普段と違って抱かれたがらないなら骨折などのケガの疑いが。耳の痛みは外耳炎、腹部なら尿路結石、ヘルニアなどを疑い受診を。

呼吸が荒い

心臓病、肺炎、ショック症状など危険な状態も。

症状 ネコの正常な呼吸数である20～30回／1分を超える呼吸数が見られる、呼吸が速く歯茎が青白い、雑音を伴う。

対処法 呼吸が浅く速い場合は心臓病、肺炎、腹膜炎などの病気が、速い呼吸と同時に雑音が聞こえたり、舌や歯茎が青白いのは事故や中毒によるショック症状が疑われ危険。すぐ病院へ。

LESSON 5

かかりやすい病気

ワクチンでも予防できない病気がある

ネコの病気には確実な予防法や治療法がないものもあります。怖い病気からネコを守るためにも、飼い主の正しい知識が必要です。

自己判断はとても危険

無頓着な放置や自己流の治療は命取り。人間にうつる病気にもご用心。

ネコの病気は症状が表に出にくいため、飼い主が見のがしたり、人間同様に扱って自己流の治療をしたりして、悪化させてしまうことがよくあります。中には命にかかわる病気もあれば、人間にうつる病気もあります。自己判断で対処せず、さまざまな病気の可能性を考えて、早めに動物病院を受診しましょう。

ごろ寝ポーズも、長時間つづけば病気のサイン。

回虫症

- 下痢がちでやせてくる
- 舌や唇が白くなる
- 貧血症状が出る

便を介してほかのネコに感染する恐れも。

回虫が腸に寄生しネコの体から養分を吸って成長するので、ネコは食べるわりにやせ気味の傾向。ウンチはまめに片づけてトイレを清潔に保ち、定期的に検便を。

条虫症

- 吐く
- 下痢をする
- 貧血症状が出る

ノミや小動物から感染。ノミ駆除の徹底を。

一番多いのはノミが運ぶ犬条虫でノミ駆除が先決。猫条虫、マラソン裂頭条虫は条虫のいる小動物を食べると感染。1～2㎜の白い虫が落ちていたら駆虫を。

皮膚真菌症

- ●円形脱毛
- ●脱毛部のかさぶた
- ●急速に全身に広がる

人間に感染し、円形の皮疹《ひしん》が出ることも。

毛や皮膚に寄生する真菌とよばれるカビが原因。ネコを抱いた人にもうつることがあるので注意。抗真菌剤などの薬を獣医の指示に従って使う。清潔が大切。

ネコ免疫不全ウイルス感染症

- ●リンパ節が腫れる
- ●下痢をする
- ●慢性的な口内炎

通称猫エイズ。長期間苦しむケースが多い。

ネコ免疫不全ウイルスによって免疫力が低下する。初期はリンパ節の腫れ、下痢など。その後症状が消え、進行するとさまざまな症状が。人間には感染しない。

イエローファット

- ●腹部にしこりができる
- ●しこりが連続している
- ●しこりに触ると痛がる

青背の魚、肉などの偏食が原因。

アジやサバなど青背の魚に多い不飽和脂肪酸のとりすぎや、肉に偏った食事がもとで起こる脂肪組織の炎症。ビタミンEの摂取で予防。治療には数カ月要する。

下部尿路疾患

- ●尿が赤い
- ●強いアンモニア臭
- ●尿が出ない、出にくい

悪化すると尿毒症から死に至ることも。

尿道結石などが原因で起こる泌尿器病の総称。悪化すると命の危険も。予防には、水を自由に飲ませ、トイレを使いやすくすることなどが有効。

トキソプラズマ症

- ●リンパ節の炎症
- ●網膜の炎症
- ※ただし無症状のことが多い

妊婦にうつると流産や死産の危険性が。

さまざまな動物に感染するトキソプラズマ原虫が原因。予防にはネコに生肉を与えず、妊婦はネコのトイレ掃除を避ける。ゴキブリなどの害虫駆除も有効。

子宮蓄膿症

- ●黄色っぽいおりもの
- ●多飲多尿
- ●熱っぽく元気がない

子宮のひどい炎症。薬での完治も可能。

子宮に細菌が感染し、ひどい炎症を起こすメス特有の病気。子宮摘出手術もあるが、薬で完治させれば出産も可能。多飲多尿のとき、腎臓病と並んで疑われる。

猫伝染性腹膜炎

- ●お腹や胸に水がたまる
- ●目の中に白いフワフワ
- ●下痢をしてやせる

怖い病気で、発症したら約95%が死亡。

ウイルスが原因。腹水ではお腹がはり、胸水では呼吸が乱れる。食欲減退することもあれば、下痢をしつつ通常のエサを食べることも。治療は症状の軽減が主。

耳疥癬《かいせん》症

- ●耳をかく、頭をふる
- ●耳がくさい
- ●ベタベタした黒い耳アカ

かきすぎによる傷や炎症に気をつけて。

原因はダニなどの寄生虫。耳を地面にこすりつけるしぐさにも注意。病院で駆虫と薬物治療を。エリザベスカラーでかきすぎを予防。普段から耳を清潔に。

LESSON 6

ケガの応急処置

簡単な手当てをマスターする

ケガや病気の手当ては対応が早いほど効果的。病院に行くまでの飼い主の適切な応急処置が、ネコの命を救うこともあります。

応急処置が生死を分ける

止血、気道確保、痛みの緩和、悪化防止……。緊急時こそ冷静に。

大量の出血や、のどの異物による窒息などは短時間でも命にかかわります。病院に連れていく前に素早い止血、異物の除去や人工呼吸が必要です。やけどなら冷やす、骨折なら副木をすることが症状の悪化防止に。ネコの運命を決めるのはとっさのときの飼い主の行動。落ち着いて適切に対処しましょう。

落下事故、感電など家の中にも危険がいっぱい。

ネコ用救急箱を用意

脱脂綿・ガーゼ・綿棒・絆創膏《ばんそうこう》

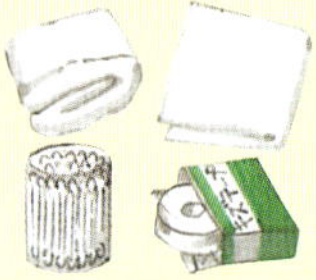

エリザベスカラー・止血帯

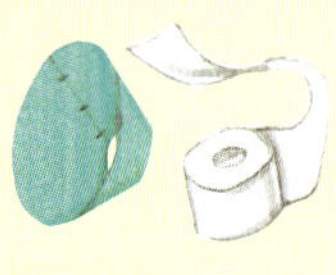

ハサミ・先の丸いピンセット・スポイト・ツメ切り

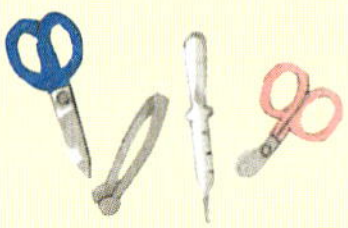

消毒薬・オリーブオイル

カイロ・氷のう・体温計

病院でもらった薬・診察券・健康ノート

出血

押さえる、しばる、冷やす。とにかく止血。

まず出血場所を確認。出血が少なければ傷口の毛を刈り、ガラスの破片など異物を除去。水道水かオキシフル（3%に薄める）で傷口を洗い、ガーゼと包帯で保護。出血が多ければ止血だけして病院へ。四肢ならひもと棒で、胸やお腹はガーゼを強く当てて押さえ、止まらなければ氷で冷やして。

ひどい出血は傷口から3～4㎝心臓寄りをひもでしばり、結び目に棒を当ててもう一度結ぶ。棒をねじって止血し、15分ごとに緩め壊死を防止。

骨折

患部の安静が第一。副木などで固定して。

患部にふれると血管や神経を傷つける危険性が。なるべく患部にふれないよう注意しながら副木などを当て振動を予防。副木は骨折の部位に合わせて使用。四肢なら丸めた雑誌、ガーゼを巻いた箸などでＯＫ。変形や骨が見える骨折は傷口にガーゼ、その下にタオルを。背骨の場合は板に乗せます。

四肢なら副木を当てるか雑誌などでくるんで包帯を巻く。背骨の骨折は板に寝かせ、ネコをひもや包帯で板にくくりつけて固定する。

噛み傷

汚れを落として止血。消毒後獣医へ。

傷を見つけたらその部分の毛を刈りながら異物を除去。水道水かオキシフル（3％に薄める）で砂などの汚れを洗い流します。滅菌ガーゼを当て、出血が止まればガーゼと包帯で保護し病院へ。ひっかき傷も同様。ネコ同士のけんかの際や、かゆい部分をかきすぎた場合などは傷がないかチェックを。

ネコの歯やツメからパスツレラ菌が感染すると化膿しやすく、放置すると皮膚の下に大量のうみがたまることも。必ず消毒を。

やけど

患部を冷やして安静に。軟膏《なんこう》などの薬は厳禁。

熱湯をかぶったなど広い範囲のやけどは一度体を水に浸し、その後冷たい水でしぼったタオルでくるんですぐに病院へ。冷やしすぎと脱水に注意し、ときどき水分をあたえます。小さなやけどなら患部に冷水でしぼったタオルを当てて冷やします。包帯で保護し、氷のうで冷やしながら病院へ。

素人判断で軟膏などの薬を塗るのは悪化のもと。冷やして安静にするのが原則。やけどを負ったあと、冷やすのが早いほど治りがよい。

落下事故

板などに乗せ安静を確保。ケガは応急処置を。

外傷が見えなくても内臓の損傷、骨折などの恐れが。必ず動物病院へ。ひどい場合は電話で獣医の指示を受け対応。移動は板など平らなものに布を敷き、そっと寝かせて静かに運んで。口の中に吐瀉物があればガーゼなどでぬぐい、骨折には副木、出血には止血の応急処置（P.161参照）を。

元気に見えても、後日血尿、嘔吐などの症状が出て重体に陥るケースも。事故にあったらあまり動かさずにすぐに病院へ行くのが鉄則。

溺れる

肺の水を吐き出させて呼吸を確保。

多くのネコは水に濡れるのが嫌い。水をはじくのが苦手で長くは泳げないため、溺れていたら、ネコが疲れ切る前に素早く助けます。肺に水が入っていると呼吸のさまたげになるので、飲んだ水は素早く吐き出させます。息をしていない、あるいは呼吸が弱いときは人工呼吸（下記参照）を。

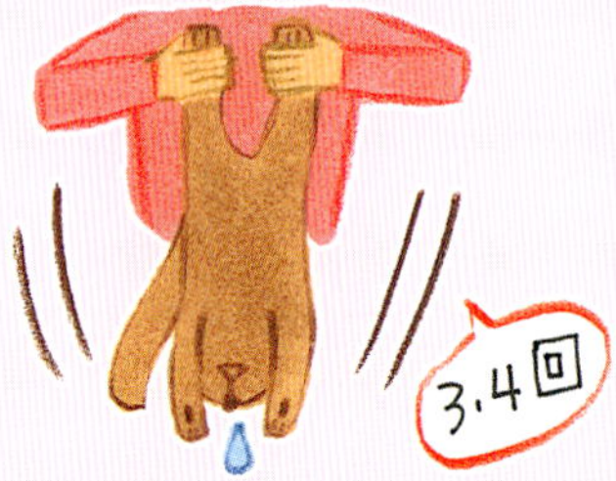

水を吐き出させるためには逆さにつるすのが一番。後肢を両手でしっかりつかみ、15～20秒おいてから3～4回上下にゆするのがポイント。

けいれん

広い場所に移動。毛布で全身をくるみ見守る。

なにかにぶつかるなどしてケガをしないよう、広くて安全な場所に移動。毛布などで全身をくるみ、静かに寝かせて見守ります。けいれんが10分以内で止まれば大丈夫。それ以上つづく、また、再発するようなら病院へ。発作中にネコの口にものや指を入れるのは危険なので避けること。

けいれんで命を落とすことはないが、脳腫瘍、肝臓病など重病の症状である可能性もあるので、落ち着いたら一度受診したほうが安心。

人工呼吸と人工心肺蘇生法

1 呼吸が微弱なとき

まず横向きに寝かせて口を大きく開けさせる。片方の手で頭を押さえ、もう片方の手で舌をつまみ、ネコの呼吸のリズムに合わせて出し入れする。

2 呼吸停止のとき

片手でネコの前肢を持ち、もう片方の手でネコの口を押さえる。そのまま鼻の穴から３秒間空気を吹き込む。これを何度か繰り返す。

3 心臓マッサージ

ネコを仰向けに寝かせ、両手で左右から心臓をはさむような形で圧迫。１分間に30回が目安。心臓を5回押すごとに人工呼吸を1回行う。

感電

まずコンセントを抜く。気道確保して病院へ。

感電しているネコに触れると飼い主も危険。ネコに触れる前に、コンセントを抜くのが原則。その後ネコの状態を確認。呼吸停止、心停止が見られれば素早く心肺蘇生法（P.162参照）を。呼吸や脈拍が速い場合は気道確保を優先。ネコを横に寝かせ、口を開けさせて舌をひっぱり出します。

感電事故によるやけども多い。やけどの場合は気道確保後に氷で冷やすなどの応急処置を。処置後はできるかぎり早く病院で治療を受ける。

窒息

すぐにのどの異物を取り出す。

窒息の原因であるのどの異物の除去が先決。片手の親指と人差し指を犬歯の後ろ側に当てて頭を押さえ、もう片方の手をネコの口に入れて異物を取ります。詰まったものや場所によってはピンセットのほうが取り出しやすい場合も。取れなければ逆さにして振ったり、背中をたたいたりします。

呼吸困難から意識不明になると危険。多少乱暴でも、とにかく異物を取ること。ネコが暴れるときは、全身をタオルでくるむと手当てしやすい。

のどに骨が刺さった

のどを照らし、先の丸いピンセットで抜く。

急に食べるのをやめて口元をこする、よだれをたらす、苦しそうにするなどの様子を見せたら、のどに骨が刺さった可能性大。懐中電灯などでネコののどを照らし、舌をひき出して骨を確認。先の丸いピンセットなどで骨をつかみ慎重に抜き取って。抜くのが難しそうな場合はすぐに病院へ。

片手の親指と人差し指がネコの犬歯の後ろ側に当たるように頭を押さえ、口を開けさせる。もう片方の手にピンセットを持ち、骨を抜き取る。

ペット保険

ネコに合った“使える保険”を選ぶ。

民間の保険会社がさまざまな商品を出しています。子ネコなら掛け金が安いが老ネコは高め、がんには効くが一般的な皮膚病には効かないなどの特徴をよく理解し、自分のネコに合ったものに加入しましょう。

ここをチェック

1. ネコは加入できるか。
2. 新規加入できる年齢。
3. 保障内容。
4. 保障額。
5. 掛け金の金額。
6. 掛け捨てか否か。
7. 継続加入が可能か否か。

針が刺さった
傷を広げないようそっと抜き、消毒。

縫い針のほか、画びょう、安全ピンなどが刺さることがあります。すぐに抜ける場合も、ネコの体を押さえて安全を確保してから抜くこと。釣り針の場合はむやみに抜かず、先端を押し出し、ペンチなどで切り落としてから抜きます。傷口は必ず消毒し、早めに獣医の治療を受けましょう。

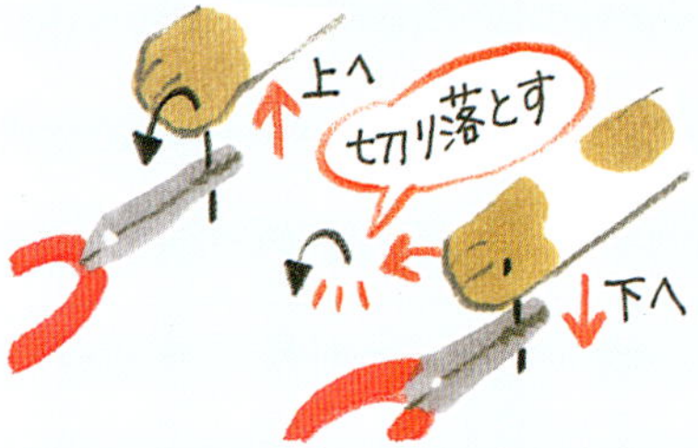

釣り針の先端は引き抜こうとするほどひっかかる仕組み。まず先を押し出し、ペンチで切ってから抜くこと。難しければそのまま病院へ直行。

目の中に異物が入った
目をこすらないようエリザベスカラーを巻く。

目になにか入っていたら、無理に取ったり洗い流そうとせず、すぐに病院に行って処置してもらいます。人間用の目薬をつけるのはかえって危険なので、絶対に避けるべき。ネコが目をこすると悪化してしまうので、エリザベスカラーを首に巻いて保護します。なければ厚紙などで作ればＯＫ。

病院へ向かう間、ネコが目をこすらないよう前肢を包帯でくるむ。厚紙を丸く切りテープなどで止めれば即席エリザベスカラーのでき上がり。

ハチに刺された
ショック状態の危険性も。気道確保し病院へ。

ハチ毒にやられてアレルギー反応を起こし、ショック状態に陥る危険性もあります。呼吸や脈拍が異常に速く、歯肉が青白いときは特に危険。横向きに寝かせて舌をひき出し、気道確保をしたらすぐに病院に運びます。ミツバチなどに刺されたときは針を取り、氷などで患部を冷やし病院へ。

ミツバチに刺されたところに残っている針は、カードなどでこすり落とす。発熱や嘔吐、ショック状態が見られれば、気道確保後すぐに受診。

糸やひもを飲み込んだ
疑いがあれば受診。肛門から出たら軽く引く。

部屋にあった糸やひもが消えていたらネコが飲み込んだ可能性を考え、症状をチェック。食欲不振、嘔吐などは胃に異物のある兆候。獣医に相談を。肛門からひもが出てきたら、ネコを押さえて静かに引いてみて。抜ければＯＫ。ひっかかったら無理に抜かず、切り取って獣医に見せます。

飲み込んだ後はウンチを見て排泄されたかチェック。肛門から出てきていたら、短くても処置の参考になるので切って獣医に見せましょう。

ヒヤシンス、シクラメンといった有害物質を含む植物に注意。ケースに入れるなどネコが植物にふれない工夫を。

事故を未然に防ぐには

人間にとって安全で快適な住居でも、体が小さく、高い所や狭い所が大好きで、なんでも噛んでしまうネコの視点で見ると、意外なほど危険が多いことに気づきます。ネコの習性を理解して住まいを見直し、事故を未然に防ぎましょう。

●おふろ・洗濯機の水から守る

湯船も洗濯機も、水をはってあるときは必ずふたを。ドアも閉め、ネコが近づけないようにします。

●電気コードはガードする

家具の裏側やカーペットの下をはわせる、壁に張りつけるなど、ネコがじゃれたり噛めない工夫を。

●転落させないようにつっかい棒を

転落防止にはベランダに出さないことが大原則。窓を自分で開けてしまう場合はつっかい棒で防止。

●やけどの原因、ストーブは囲いを作る

ネコが跳び乗ったり、触ったりできないよう必ずガードを。小型のヒーターでも油断しないで。

●キッチンには危険がいっぱい

調理台の包丁、ガスコンロの火は最も危険。電化製品も多く、ネコはキッチンに入れないのが理想。

毒性のある植物の例

アロエ

インドゴムノキ

カラジウム

シクラメン

スズラン

ヒヤシンス

フィロデンドロン

ポインセチア

※上記は危険な植物を網羅しているわけではありません。

Column 6

ネコの診察&治療費　獣医さんに診てもらうと、これだけかかる。

小さな体にかかる医療費は意外に大きな負担です。

ペットには公の保険がありません。その分、一度医者にかかると治療費は高額です。生き物であれば、病気・ケガの可能性はひそんでいるもの。病気は、早期発見と早期の適切な治療が回復への早道であるし、かかる治療費も結局は安くすみます。飼い主は、ネコの体調の変化を見のがさないように日々気をつけ、健康診断、予防接種は定期的に受けさせましょう。様子がおかしいときに「すぐに元気になるだろう」などと、根拠のない楽観視は危険です。素人判断で勝手に投薬や治療をするのはもってのほか。正しい処置を遅らせてしまい、病を進行させることになります。

大きなケガは正しい応急処置が大切。

ケガの場合は、病院に連れていくまでの応急処置を覚えておきましょう。正しい止血や人工呼吸を施せたことが、命を救うこともあるのです。動物病院へ連れていく前に、必ず電話で症状などを伝え、指示を仰ぎましょう。必要なら、治療費がいくらかかるのかを聞くことができます。かかりつけの獣医さんの不在も考慮に入れて、もうひとつ、救急で診てもらえる動物病院を探しておきましょう。

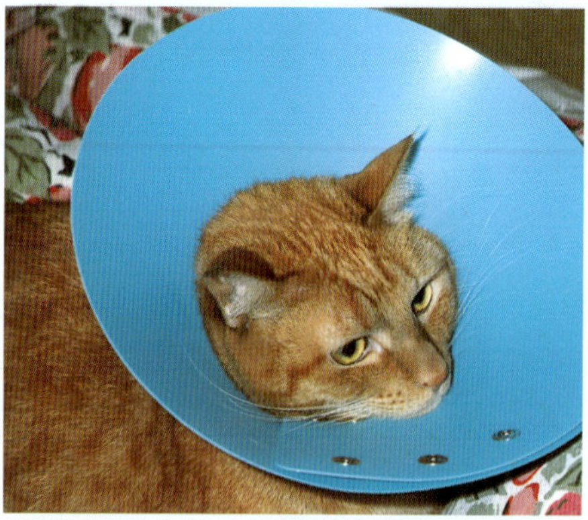

獣医師の指示どおりの治療・投薬が回復への早道。

病気やケガの種はなにげない日常の中にひそんでいます。

●医療費一覧表

健康診断等	健康診断	5000円
	予防接種（三種混合）	6000～8000円
	予防接種（ネコ白血病ウイルス感染症）	6000円
	予防接種（ネコクラミジア感染症）	6000円
	予防接種（五種混合）	8000～10000円
デンタル	歯石取り	30000～60000円
	抜歯	20000円
かかりやすい病気	回虫症	2000～6000円
	条虫症	2000～6000円
	皮膚真菌症	5000～6000円
	ネコ免疫不全ウイルス感染症	10000円
	イエローファット	5000～8000円
	下部尿路疾患	7000～8000円
	トキソプラズマ症	5000～6000円
	子宮蓄膿症	40000～50000円
	ネコ伝染性腹膜炎（検査のみ）	10000円
	耳疥癬症	3000～4000円
よくあるケガ	骨折（四肢）	100000～150000円
	けんかによる裂傷	7000～8000円
	やけど	10000～15000円
	のどに骨が刺さった	15000～20000円
	目に異物が入った	10000～15000円
	糸やひもを飲み込んだ	10000～20000円
出産・避妊	出産	20000～40000円
	避妊手術	30000～40000円
	去勢手術	15000～20000円
その他	皮下注射	1000～1500円
	筋肉注射	1000～1500円
	点滴	4000円～
	緊急往診（近隣・日中）	3000～5000円

＊表内の金額はおおよその目安であって、医療機関、治療法、病気・ケガの重さなどによって異なります。

Part 8

老ネコの幸せな暮らし方

長年連れ添った大切なパートナーだからこそ
おだやかな老後を過ごしてもらいたいもの。
少しずつ変化していくネコの体に合わせて
生活面でいろいろ工夫してあげましょう。

LESSON 1

老化のチェック

老化のサインを見のがさない

ネコだって年をとれば、体力・気力が衰えます。その分、人間の気持ちには敏感に。老ネコを癒すのは飼い主の愛情です。

10歳くらいから老ネコ

白髪、反応の鈍化が最初のサイン。老化が進むほど気配りを。

ネコの老化は、一般には10歳くらいからですが、早いネコは7歳くらいから老化がはじまります。はっきりした老化現象が出てくるのは死ぬ前の1～2年。ヒゲや口のまわりの毛に白髪が交じり、反応がにぶくなったら老ネコの仲間入り。しだいに運動量が減り、毛づくろいも下手になったりします。衰えた分は、飼い主がフォローしてあげましょう。

←うずくまって動かないのはエネルギー節約の本能。

老化のチェックポイント

ヒゲや口のまわりに白髪が交じり始める。

弱々しくなり、反応がにぶくなる。

関節は硬く、筋力が衰え、ジャンプ力が低下。

柔軟性が失われ、毛づくろいが苦手に。

うずくまったり、眠って過ごす時間が増える。

食事量が減る。歯が抜けることも。

老ネコが好む環境を

静かだけれど飼い主のぬくもりを感じる場所で眠って過ごしたい。

もともとよく寝るネコですが、年をとればとるほど、ますます寝ている時間が長くなります。老ネコになったらまず、寝心地のいいベッドを整えてあげましょう。

寝場所は低いところに。夏涼しく、冬暖かい場所がベストです。静かだけれど寂しすぎないことも大切。老ネコは若いときよりも、家族のぬくもりをほしがります。かといって、あまり人にいじられるのは苦手。適度に家族とふれ合える位置を確保しましょう。

老ネコにやさしい環境づくりを

動きのにぶくなった老ネコにとっては、トイレがベッドの隣にあると楽。ネコが好きな場所に上り下りしやすいよう、踏み台やクッションを置くなどの配慮も必要です。暖かく静かで、清潔な環境を心がけましょう。

ストレスをあたえない

習慣を変えない工夫を。突然の模様替え、引っ越しは禁物。

年をとるほど環境の変化に順応しにくく、習慣を変えにくくなるのは人間もネコも同じです。それまで慣れ親しんだ快適な環境をなるべく維持するようにしましょう。室内の散歩コース、昼寝の場所など、ネコの習慣は大切にしてあげてください。

急に部屋の模様替えをしたり、引っ越しをしたりするのは、老ネコにとって大きなストレスになるので避けなければなりません。あくまでもネコのペースに合わせて、無理をさせないことがポイントです。

老ネコにとっては安心、安全が一番大切。

POINT！ 新しいネコは飼わない

老ネコは寝てばかりで手がかからない、寂しそうだから仲間が必要、などと考えるのはまちがい。老ネコには、子ネコの遊び相手をするほどの体力もなければ、先住権を主張する強さもありません。新参者は大きな負担。老ネコがいる間は新しいネコは飼わないでおきます。

寝床をなにかで囲ってあげると、より落ち着くし快適。

LESSON 2

老ネコの食事とケア

年齢に合わせた生活スタイルがある

健やかな老後のために食事や運動、体のケアなど、年齢相応のやり方をマスターしましょう。

老ネコ向けの食事

消化のよい食事が基本。状態により刻み食やペースト食を。

歯が弱くなり、消化機能も衰える老ネコ。食事はやわらかくて食べやすく、消化しやすいものをあたえます。老ネコ用キャットフードが手軽ですが、ネコが飽きないよう工夫することも忘れずに。白身魚や鶏ササミなどを添えるのも手です。ネコが食べにくいようなら、細かく刻んだり、すってペースト状にしたりしてあげましょう。

老ネコ食のポイント

白身魚や鶏ササミなど栄養があり、低カロリーで消化のよいものを。

脂肪の多い肉や魚は、切ったりゆでたりして脂肪を落としてから。

刻んだり、ペースト状にしたり。ドライフードはふやかして。

１回の食事量を減らし、何度かに分けると負担なく栄養がとれます。

←食事は数少ない楽しみ。食べやすく、飽きさせない工夫を。

グルーミングはていねいに

体が硬くなり
舌が届かない場所は
飼い主も手伝って。

老ネコになると、関節が硬くなって柔軟性が失われてきます。若いときのように体中に舌を届かせ、毛づくろいをするのは難しくなり、飼い主の助けが必要になります。これまで以上にていねいに、やさしくブラッシングをしてあげましょう。

舌が届かない部分は毛が乱れます。ブラシでといてあげて。

老ネコのグルーミング

ブラッシング	●軽めに毎日行う セルフグルーミングをあまりしない分、ブラッシングが重要。毛が薄いので力を入れず、毎日行うのがポイント。	
シャンプー	●回数を減らす 体の負担になるので若いときより回数を減らします。水温調節に十分注意。終わったらよく乾かし、休ませます。	
ツメとぎ	●まめにツメ切りを 運動量が減る、ツメとぎを面倒がるなどの理由で、老ネコのツメは伸びやすくなります。まめに切ってあげましょう。	

老ネコ向けフード＆グッズ

●フード

老ネコの体を考えたカロリー控えめのドライフード。Ⓐ

●グッズ

水に濡れるのが負担な老ネコのために。Ⓑ

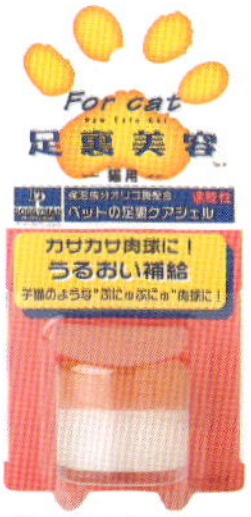

肉球用クリーム。肉球を柔らかくして保護。Ⓒ

Ⓐ日本ペットフードⒷライオン商事Ⓒドギーマンハヤシ

老ネコの遊び

ネコじゃらしなどで
軽く体を動かす程度に。
疲れさせないこと。

老ネコは寝ていることが多く行動範囲も狭いので、運動不足が心配。飼い主との遊びは、適度な運動と脳への刺激の意味があり、とても大切です。起きているときを見計らってネコじゃらしなどで遊ばせます。激しい動きは避け、疲れさせないように注意します。

子どもの遊び相手は負担が大きく、老ネコには無理。

LESSON 3

健康管理

肥満やボケのチェックも忘れずに

老ネコは体力がなく
抵抗力が弱いので、
病気にかかりやすいもの。
おだやかな暮らしと
健康管理が大切です。

健康診断は欠かさずに

最低年1回、
13歳以降は年2回。
体まるごとチェックを。

7〜8歳くらいになると、感染症をはじめさまざまな病気にかかりやすくなるうえ、白内障など老ネコ特有の病気も出てきます。最低でも年1回は動物病院に行き、健康チェックと予防接種をしてもらいましょう。12〜13歳以降は体のトラブルが特に多くなります。半年ごとの健康診断で病気を早期発見し、悪化をくい止めることが大切です。

CHECK! 老ネコに肥満は大敵！

運動量が減り、代謝能力も衰えた老ネコに、それまで同様の食事をあたえると、すぐに太ってしまいます。肥満は心臓や肺などの内臓や、足腰の関節に大きな負担になります。ただでさえ体の弱くなった老ネコが肥満すると、そうした負担は想像以上。抵抗力を低下させ、糖尿病や皮膚病の原因になることもあります。

太り始める前に、行動のしかたなど様子を見ながら食事量を減らしましょう。エネルギー量は成ネコの8割程度が目安です。

←目ヤニや口臭など気になる症状は獣医に早めに相談を。

老ネコの病気

腎不全や感染症、皮膚病に注意。食事やケアで予防も。

ただ寝ているのか、具合が悪いのかの見極めが大事。

老ネコに特に多い病気は腎不全。老廃物が体内にたまり、尿毒症となって死に至ることも多い病気です。多飲多尿など症状が見られたら、すぐに病院へ。感染症や皮膚炎も老ネコに多い病気。鼻水、ただれなどを見つけたら、ただちに治療を受けましょう。歯石が原因の歯槽膿漏や、目ヤニが原因になりやすい結膜炎などは、こまめなケアで予防します。

20年以上生きるネコも。老化の個体差は激しい。

CHECK! ネコもボケる

人間ほど目立ちませんが、ボケるネコもいます。症状は、食後すぐ食べものをねだる、便や尿の垂れ流し、飼い主の顔を忘れるなど。治療法はないので、症状に合わせてやさしく対処を。

老ネコと病気

病気	症状	対処法
歯槽膿漏	歯肉が赤く腫れ、口臭がひどくなります。悪化すると歯が抜けてしまいます。	病院で歯石除去。自宅では煮干しなど硬めのものを食べさせ、歯磨きして予防を。
腎不全	多飲多尿が大きな特徴。体重減少、口内炎なども。症状が出たら進行している証拠。	すぐに獣医に相談。腎臓の負担を減らす薬や専用フードで治療。ストレス軽減も大切。
白内障	目が白く濁って見えます。視力が衰えるので、物にぶつかったりすることもあります。	獣医に相談しながら進行度に合わせて対処を。両目が見えなければ手術することも。
糖尿病	初期症状は多飲多尿。病気が進行すると食欲低下、嘔吐、皮膚や粘膜の黄疸など。	インスリン注射による治療と食事療法・運動療法を併行。肥満の予防がとても重要。
腫瘍	原因不明の傷やしこりがある、抱かれるのをいやがるなど。皮膚、胸、口の中などに注意。	普段のチェックが大事。しこりや傷を見つけたらすぐ受診。手術が必要になることも。
下痢　便秘	何日も続いて便が出ない、あるいは下痢が続く。お腹がはる、便に異物が混じるなど。	便秘は消化のよい食べもの、適度な運動、下痢は水分補給と休養を。ひどければ病院へ。

LESSON 4

ネコとのお別れ

冷静に送り出してあげたい

土葬、火葬、保健所、ペット霊園、etc.
どんな方法でも最後まで冷静に、心を込めて葬りましょう。

愛するネコが死んだら

飼いネコの寿命は13〜15歳。悲しくても責任を持って最期を。

動物医学の進歩もあり、飼いネコの寿命は13〜15歳まで延びています。人間でいえば60代後半〜70代半ばくらい。死因は老衰、病気、事故などいろいろ。いずれにしても、長くいっしょに暮らしたネコとの別れはつらいものです。でも、責任を持って最期を看《み》取《と》り、きちんと葬るのが飼い主の義務。感謝の気持ちをこめて手厚く葬ってあげましょう。

どんな葬送法でもネコを思う心が大切。

心を込めた見送りが一番の供養。
葬送方法は、その後の生活を考えて選ぶ。

お葬式など決まった形式はありません。家族みんなで心をこめて送り出してあげることがネコにとっても一番の供養であり、最高のセレモニーといえます。

自宅に庭があるなら、土葬でお墓を作ってもいいでしょう（右ページ参照）。ペット霊園などに埋葬し、ときどきお墓参りをするという手もあります。引っ越しが多い人などは、遺骨を自分で保管し、いっしょに移動すると寂しくないかもしれません。

←いつか消える命だからこそいっしょにいる時間が大切。

自治体にまかせる

保健所や清掃局に引き取ってもらう。ゴミ扱いは絶対にダメ。

ネコの遺体の処理に困ったとき、ゴミとして出すのは絶対にやめて。各自治体には、死んだ動物を葬るシステムがあります。まずは保健所や清掃局に相談を。一般には、遺体を持参し、１頭につき2600～3000円程度の料金を払えば、契約しているお寺などで火葬にしてもらえます（遺骨は引き取れません）。

CHECK! 遺影を彫った墓石を作る

最愛のペットの供養に、墓石を作ることも可能。遺影部分が写真どおりに彫り込まれるというもの。問い合わせ／山口石材店☎03･5376･3993

ペットロス症候群

喪失感から心の病に。ひとりぼっちで苦しまないで。

人は、深く愛した対象を失うと、その喪失感からふさぎ込んでしまったり、生きる意欲さえなくしてしまったりすることがあります。

ペットが死んだときにこのような状態に陥ることを、総称してペットロス症候群といいます。時間が癒してくれる場合もありますが、反対に喪失感がつのり、立ち直れなくなってしまう人もいます。

愛するネコを失った悲しみをひとりで抱え込むのは苦しいものです。とてもつらいときは友達に話したり、セラピストなどに相談したりすることも大切です。

ネコは自分の死を自然に受け入れます。

ペット霊園に依頼

内容を吟味し、納得できる霊園を選ぶ。獣医からの紹介でも。

民間のペット霊園の葬儀の方法は大きく分けて3種。依頼されたネコの遺体をまとめて火葬する合同供養、個別に火葬し、返骨してくれる個別供養、飼い主が火葬に立ち会える個別特別供養です。自宅に出張し、葬儀一式を行ってくれるところもあります。電話帳などで調べ、納得できる業者を選びましょう。心当たりがなければ獣医などに相談を。

自宅の庭などに埋葬する場合

ネコを土葬にする場合は、１m以上の穴が必要。遺体は布でくるみ、ダンボールに入れて埋めます。穴が浅すぎるとにおいがしたり、イヌに掘られたりするので注意して。位置が確認できるよう、必ず墓標を立てます。地域によっては埋葬禁止の場合もあるので事前に確認してください。

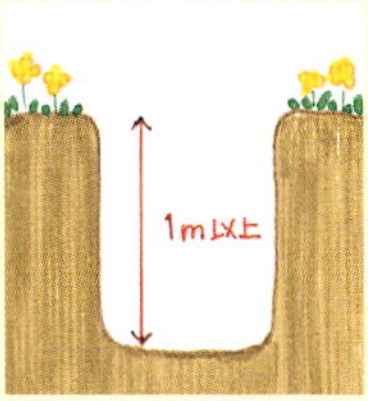

監修

小島正記（こじま　まさのり）

獣医師　クラブ・キャット・ジャパン（CCJ）会長　1938年生まれ　麻布獣医科大学卒業　大学卒業後、アメリカのキャットショーを視察。ショーのシステムや珍しい品種の紹介に努めるいっぽう、1970年に東京都北区に王子動物病院を開業。獣医師として、キャットショーの審査員として、雑種・純血種を問わず、ネコたちの健康や交配に関するアドバイスをつづけている。「ペット医学事典」（池田書店）、「猫の用語事典」（誠文堂新光社）など、著書多数。

写真

山崎　哲（やまざき　てつ）

写真家　1949年生まれ　多摩芸術学園卒業　フリーカメラマンとして、雑誌、単行本、カレンダーなど、多くの媒体にネコをテーマにした作品を発表。特に、ネコの純血種の撮影技術、知識、情報、作品点数に関しては、国内はもとより、世界でも屈指。現在は千葉県の自宅でたくさんのネコたちと暮らしながら活動中。「世界のネコたち」（山と渓谷社）、「新世界の犬図鑑」（山と渓谷社）など、著書多数。

撮影協力

志和達彦、野村裕治、桑名まなみ

写真協力

伊藤明寛、エドワード·ガルバニ、片桐佳子、倉治 ななえ、倉田優子、小林佳世子、斎田　玲、佐久間尚美、島田美穂子、鈴木　靖、十時亜紀子、ひぐち まり、久永一郎、藤目真理子、みなみの なおこ

参考文献

「アパート・マンションでの猫の飼い方育て方」
高崎計哉監修（主婦と生活社）
「かわいい猫の手入れとしつけ」加藤由子著（高橋書店）
「SABLIER NO2」（主婦の友社）
「世界の猫図鑑」グロリア・スティーブンス解説（山と渓谷社）
「にゃんこのダイエット」石野孝著（インターワーク出版）
「猫種大図鑑」ブルース・フォーグル著（ペットライフ社）
「猫と暮らそう！」早田由貴子監修（池田書店）
「猫とたのしく暮らそう」高崎計哉監修（成美堂出版）
「猫なんでも相談室」加藤由子著（高橋書店）
「猫の幸せな生活」加藤由子著（日本文芸社）
「ネコの食事百科」宮田勝重監修（誠文堂新光社）
「猫の育て方がわかる本」桜井幸子監修（誠文堂新光社）
「猫の正しい飼い方と暮らし方」小島正記監修（永岡書店）
「ネコの本」カー・ウータン博士著（講談社）
「ひとり暮らしで猫を飼う」造事務所編著（青樹社）

かわいい猫との暮らし方・しつけ方

監　修　小《こ》島《じま》正《まさ》記《のり》
写　真　山《やま》崎《ざき》　哲《てつ》
発行者　深見悦司
発行所　成美堂出版
〒162-8445　東京都新宿区新小川町1-7
電話(03)5206-8151　FAX(03)5206-8159
印　刷　株式会社 東京印書館

ISBN978-4-415-02169-0